高等职业教育系列教材

项目引领 | 任务驱动 | 融"教、学、做"于一体

Protel DXP 2004 SP2
印制电路板设计教程 第2版

主 编 | 郭 勇　陈开洪　吴荣海
参 编 | 李政平　李文亮　程智双

机械工业出版社
CHINA MACHINE PRESS

本书主要介绍印制电路板设计与制作的基本方法，采用的设计软件为 Protel DXP 2004 SP2。内容采用练习、产品仿制和自主设计三阶段的模式编写，逐步提高读者的设计能力。全书通过剖析实际产品，介绍 PCB 的布局、布线原则和设计方法，突出实用性、综合性和先进性，帮助读者迅速掌握软件的基本应用，具备 PCB 的设计能力。

本书突出布局、布线的原则，通过 4 个实际产品（项目 6~项目 9）的剖析与仿制，读者能够设计出合格的 PCB，最后通过一个自主设计项目（项目 10）培养读者的产品设计意识和能力。

全书案例丰富、图例清晰。每个项目之后均配备了详细的实训内容，内容由浅入深、案例难度逐渐增加，便于读者操作和练习，提高设计能力。

本书可作为高等职业院校电子信息类、通信类、自动化类等专业的教材，也可作为职业技术教育、技术培训、从事电子产品设计与开发的工程技术人员学习 PCB 设计的参考书。

本书配有微课视频，扫描二维码即可观看。另外，本书配有电子课件，需要的教师可登录机械工业出版社教育服务网（www.cmpedu.com）免费注册，审核通过后下载，或联系编辑索取（微信：13261377872，电话：010-88379739）。

图书在版编目（CIP）数据

Protel DXP 2004 SP2 印制电路板设计教程 / 郭勇，陈开洪，吴荣海主编 . --2 版 . --北京：机械工业出版社，2025. 1. --（高等职业教育系列教材）. --ISBN 978-7-111-76734-3

Ⅰ. TN410.2

中国国家版本馆 CIP 数据核字第 202487RZ27 号

机械工业出版社（北京市百万庄大街 22 号　邮政编码 100037）
策划编辑：和庆娣　　　　　责任编辑：和庆娣
责任校对：郑　婕　李　杉　责任印制：邓　博
北京盛通数码印刷有限公司印刷
2025 年 1 月第 2 版第 1 次印刷
184mm×260mm・14.5 印张・359 千字
标准书号：ISBN 978-7-111-76734-3
定价：65.00 元

电话服务	网络服务
客服电话：010-88361066	机　工　官　网：www.cmpbook.com
010-88379833	机　工　官　博：weibo.com/cmp1952
010-68326294	金　书　网：www.golden-book.com
封底无防伪标均为盗版	机工教育服务网：www.cmpedu.com

前　言

　　本书以培养读者的实际工程应用能力为目的，通过实际产品的印制电路板（PCB）剖析和仿制，介绍 Protel DXP 2004 SP2 板级电路设计的基本方法和技巧，突出实用性、综合性和先进性，帮助读者迅速掌握软件的基本应用，具备 PCB 的设计能力。

　　目前，智能产品正朝着小型化的方向发展，贴片元器件的使用不仅使产品小型化得以实现，而且大幅降低了硬件成本，得到了广泛应用。本次修订大幅增加了贴片 PCB 设计的篇幅，提高读者进行贴片 PCB 设计能力。

　　全书共 10 个项目，主要包括印制电路板认知与制作、原理图标准化设计、原理图元器件设计、单管放大电路 PCB 设计、元器件封装设计、低频矩形 PCB 设计——声光控节电开关、高散热圆形 PCB 设计——LED 灯、双面 PCB 设计——智能开关、双面贴片 PCB 设计——USB 转串口连接器和蓝牙音箱产品设计。

　　本书具有以下特点。

1) 采用软件自带的中文操作界面进行介绍，提高读者的学习效率。

2) 采用"项目引领、任务驱动"的理念组织教学，融"教、学、做"于一体。

3) 通过解剖实际产品，介绍 PCB 的布局、布线原则和设计方法，突出布局、布线的原则说明，指导读者设计出合格的 PCB。

4) 采用低频矩形 PCB、高散热圆形 PCB、双面 PCB 及元器件双面贴片 PCB 等实际产品案例，全面介绍常用 PCB 的设计方法。

5) 全书案例丰富、图例清晰、内容由浅入深、难度逐渐提高，逐步提高读者的设计能力。

6) 配套资源丰富，扫描二维码即可观看微课等视频类数字资源。

7) 每个项目之后均配有详细的实训项目，便于读者操作练习。

　　本书由郭勇、陈开洪、吴荣海主编，李政平、李文亮、程智双参编，其中项目 1、项目 2 和项目 10 由吴荣海编写，项目 3 由李政平编写，项目 6~8 部分内容由陈开洪编写，项目 4、项目 5 和项目 9 部分内容由郭勇编写，企业专家李文亮、程智双参与了项目 6~9 部分内容的编写并完成数字资源的设计与制作。

　　为了保持与软件的一致性，本书中有些电路保留了绘图软件的电路符号，部分电路符号与国标不符，附录中给出了书中非标符号与国标符号对照表。按照 Protel DXP 2004 SP2 软件的设计和业内习惯，长度单位使用了非法定计量单位 mil，$1\ \mathrm{mil} = 10^{-3}\ \mathrm{in} = 2.54 \times 10^{-5}\ \mathrm{m}$。

　　由于编者水平有限，书中难免存在不足之处，恳请广大读者批评指正。

编　者

目 录

前言
项目1 印制电路板认知与制作 ... 1
任务1.1 认知印制电路板 ... 1
1.1.1 认知印制电路板（PCB）的组件 ... 2
1.1.2 印制电路板的种类 ... 4
任务1.2 了解印制电路板的生产制作 ... 7
1.2.1 印制电路板制作生产工艺流程 ... 7
1.2.2 采用热转印方式制板 ... 9
技能实训1 热转印方式制板 ... 12
思考与练习 ... 12
项目2 原理图标准化设计 ... 13
任务2.1 了解Protel DXP 2004 SP2软件 ... 13
2.1.1 启动Protel DXP 2004 SP2 ... 13
2.1.2 Protel DXP 2004 SP2中英文界面切换 ... 14
2.1.3 Protel DXP 2004 SP2的工作环境 ... 15
2.1.4 Protel DXP 2004 SP2系统自动备份设置 ... 16
2.1.5 PCB项目及设计文件 ... 17
任务2.2 认知原理图编辑器 ... 19
2.2.1 原理图设计基本步骤 ... 19
2.2.2 原理图编辑器 ... 19
2.2.3 设置图纸格式 ... 20
2.2.4 设置单位制和网格尺寸 ... 21
任务2.3 单管放大电路原理图设计 ... 22
2.3.1 原理图配线工具使用 ... 22
2.3.2 设置元器件库 ... 23
2.3.3 放置元器件 ... 25
2.3.4 调整元器件布局 ... 27
2.3.5 放置电源和接地符号 ... 28
2.3.6 放置电路的I/O端口 ... 29
2.3.7 电气连接 ... 30
2.3.8 元器件属性调整 ... 32
2.3.9 元器件封装设置 ... 36
2.3.10 绘制电路波形 ... 38
2.3.11 放置文字说明 ... 39

2.3.12　设计自定义标题栏 ·· 40
　　2.3.13　文件的存盘与系统退出 ··· 43
任务 2.4　**总线形式接口电路设计** ··· 44
　　2.4.1　放置总线 ··· 44
　　2.4.2　放置网络标号 ·· 45
　　2.4.3　阵列式粘贴 ·· 46
任务 2.5　**有源功率放大器层次电路图设计** ·· 47
　　2.5.1　功放层次电路主图设计 ··· 47
　　2.5.2　层次电路子图设计 ·· 49
　　2.5.3　设置图纸标题栏信息 ··· 50
任务 2.6　**原理图编译与网络表生成** ··· 51
　　2.6.1　项目文件原理图电气检查 ·· 52
　　2.6.2　生成网络表 ·· 54
任务 2.7　**原理图及元器件清单输出** ··· 54
　　2.7.1　原理图输出 ·· 54
　　2.7.2　生成元器件清单 ·· 56
技能实训 2　**单管放大电路原理图设计** ·· 56
技能实训 3　**绘制接口电路图** ·· 58
技能实训 4　**绘制有源功放层次电路图** ·· 59
思考与练习 ··· 60

项目 3　原理图元器件设计 ··· 62
任务 3.1　**认知原理图元器件库编辑器** ·· 62
　　3.1.1　启动元器件库编辑器 ··· 62
　　3.1.2　使用元器件绘图工具 ··· 64
任务 3.2　**规则的集成电路元器件设计——DM74LS138** ··· 65
　　3.2.1　认知元器件的标准尺寸 ··· 65
　　3.2.2　设置原理图库编辑器参数 ·· 66
　　3.2.3　新建元器件库和元器件 ··· 67
　　3.2.4　绘制元器件图形与放置引脚 ··· 67
　　3.2.5　设置元器件属性 ·· 68
任务 3.3　**不规则分立元器件 PNP 晶体管设计** ·· 70
任务 3.4　**多功能单元元器件 DM74LS00 设计** ·· 73
任务 3.5　**利用已有的库元器件设计新元器件** ·· 76
任务 3.6　**产生元器件报表和元器件库报表** ··· 77
　　3.6.1　产生元器件报表 ·· 77
　　3.6.2　产生元器件库报表 ·· 78
技能实训 5　**原理图库元器件设计** ··· 78
思考与练习 ··· 80

项目 4　单管放大电路 PCB 设计 ································· 82
任务 4.1　认知 PCB 编辑器 ······································· 82
4.1.1　启动 PCB 编辑器 ······································· 82
4.1.2　PCB 编辑器的管理 ····································· 83
4.1.3　设置单位制和布线网格 ································· 85
任务 4.2　认知 PCB 设计中的基本组件和工作层面 ················· 86
4.2.1　PCB 设计中的基本组件 ································· 86
4.2.2　PCB 工作层 ·· 90
4.2.3　PCB 工作层设置 ·· 92
任务 4.3　单管放大电路 PCB 设计 ································ 93
4.3.1　规划 PCB 尺寸 ·· 94
4.3.2　设置 PCB 元器件封装库 ································ 95
4.3.3　从原理图加载网络表和元器件封装到 PCB ················ 97
4.3.4　手工放置元器件封装 ···································· 99
4.3.5　元器件布局及调整 ······································ 101
4.3.6　放置焊盘和过孔 ··· 104
4.3.7　制作螺纹孔 ··· 106
4.3.8　3D 预览 ··· 107
4.3.9　手工布线 ·· 108
技能实训 6　单管放大电路 PCB 设计 ······························ 113
思考与练习 ··· 114

项目 5　元器件封装设计 ·· 115
任务 5.1　认知元器件封装 ··· 115
任务 5.2　采用封装向导方式设计元器件封装 ······················ 120
5.2.1　创建 PCB 元器件库 ····································· 120
5.2.2　采用元器件封装向导设计 TEA2025 的封装 ·············· 121
任务 5.3　采用手工绘制方式设计元器件封装 ······················ 126
5.3.1　立式电阻封装设计 ······································· 126
5.3.2　贴片晶体管封装 SOT-89 设计 ··························· 127
5.3.3　带散热片的元器件封装设计 ······························ 129
任务 5.4　元器件封装编辑 ··· 130
技能实训 7　元器件封装设计 ······································ 131
思考与练习 ··· 132

项目 6　低频矩形 PCB 设计——声光控节电开关 ···················· 133
任务 6.1　了解 PCB 布局、布线的一般原则 ························ 133
6.1.1　印制板布局基本原则 ····································· 133
6.1.2　印制板布线基本原则 ····································· 136
任务 6.2　了解声光控节电开关及设计前准备 ······················ 142
6.2.1　产品介绍 ··· 142

  6.2.2 设计前准备 ············ 143
  6.2.3 设计 PCB 时考虑的因素 ············ 145
 任务 6.3 加载网络信息及手工布局 ············ 145
  6.3.1 从原理图加载网络表和元器件封装到 PCB ············ 145
  6.3.2 PCB 设计中常用快捷键使用 ············ 147
  6.3.3 声光控节电开关 PCB 手工布局 ············ 148
 任务 6.4 声光控节电开关 PCB 手工布线 ············ 149
  6.4.1 焊盘调整 ············ 149
  6.4.2 交互式布线及调整 ············ 149
 任务 6.5 覆铜设计及 PCB 调整 ············ 150
 技能实训 8 声光控节电开关 PCB 设计 ············ 152
 思考与练习 ············ 153

项目 7 高散热圆形 PCB 设计——LED 灯 ············ 156

 任务 7.1 了解 LED 灯 ············ 156
  7.1.1 产品介绍 ············ 156
  7.1.2 设计前准备 ············ 157
  7.1.3 设计 PCB 时考虑的因素 ············ 159
 任务 7.2 LED 灯 PCB 设计 ············ 160
  7.2.1 从原理图加载网络表和元器件封装到 PCB ············ 160
  7.2.2 LED 灯 PCB 手工布局 ············ 162
  7.2.3 LED 灯 PCB 手工布线 ············ 165
  7.2.4 生成 PCB 的元器件报表 ············ 166
 技能实训 9 LED 灯 PCB 设计 ············ 167
 思考与练习 ············ 168

项目 8 双面 PCB 设计——智能开关 ············ 171

 任务 8.1 了解智能开关 ············ 171
  8.1.1 产品介绍 ············ 171
  8.1.2 设计前准备 ············ 172
  8.1.3 设计 PCB 时考虑的因素 ············ 175
 任务 8.2 智能开关 PCB 布局 ············ 176
  8.2.1 从原理图加载网络表和元器件封装到 PCB ············ 176
  8.2.2 PCB 模块化布局及手工调整 ············ 176
  8.2.3 网络类的创建与使用 ············ 178
  8.2.4 开槽设置 ············ 180
 任务 8.3 常用自动布线设计规则设置 ············ 181
 任务 8.4 智能开关 PCB 布线 ············ 188
  8.4.1 手工预布线 ············ 188
  8.4.2 自动布线 ············ 191
  8.4.3 PCB 布线手工调整 ············ 192

8.4.4 露铜设置 195
技能实训 10 智能开关 PCB 设计 195
思考与练习 197

项目 9 双面贴片 PCB 设计——USB 转串口连接器 198
任务 9.1 了解 USB 转串口连接器产品及设计前准备 198
9.1.1 产品介绍 198
9.1.2 设计前准备 199
9.1.3 设计 PCB 时考虑的因素 200
任务 9.2 PCB 双面布局 200
9.2.1 从原理图加载网络表和元器件到 PCB 200
9.2.2 PCB 双面布局操作 201
任务 9.3 PCB 布线 203
9.3.1 SMD 元器件的布线规则设置 203
9.3.2 PCB 手工布线 204
任务 9.4 泪滴使用与接地覆铜设置 206
任务 9.5 设计规则检查（DRC） 207
任务 9.6 印制板图输出 208
技能实训 11 元器件双面贴放 PCB 设计 211
思考与练习 213

项目 10 蓝牙音箱产品设计 214
任务 10.1 产品描述 214
任务 10.2 设计前准备 215
10.2.1 蓝牙音频模块 M18 资料收集 215
10.2.2 音频功放 HT6872 资料收集 216
10.2.3 LED 电平指示驱动芯片 KA2284 资料收集 218
10.2.4 蓝牙音箱电路设计 219
10.2.5 PCB 定位与规划 219
10.2.6 元器件选择、封装设计 220
10.2.7 设计规范选择 220
任务 10.3 产品设计与调试 220
10.3.1 原理图设计 220
10.3.2 PCB 设计 220
10.3.3 PCB 制板与焊接 222
10.3.4 蓝牙音箱测试 222

附录 A 书中非标准符号与国标的对照表 223
参考文献 224

项目 1　印制电路板认知与制作

知识与能力目标
1) 认知印制电路板
2) 了解印制电路板的种类
3) 掌握用热转印方式制作印制电路板

素养目标
1) 培养学生关注 PCB 行业发展
2) 培养学生认真负责、追求极致的职业品质

我国的印制电路板（PCB）行业在过去几十年里取得了显著的发展，已经成为全球最大的 PCB 生产基地之一。PCB 作为现代电子信息产品中不可或缺的部分，其市场需求与电子信息产业的发展密切相关。

任务 1.1　认知印制电路板

图 1-1 所示为一块印制电路板实物图，从图上可以看到电阻、电容、电感、晶体管、集成电路、接插件等元器件及 PCB 走线、焊盘、金属化孔等。这种板面上有 PCB 走线、焊盘、金属化孔等的电路板即为印制电路板。

1.1　认知印制电路板

图 1-1

图 1-1　印制电路板实物图

印制电路板（Printed Circuit Board，PCB）也称为印制线路板，简称印制板，是指以绝缘基板为基础材料加工成一定尺寸的板，在其上面至少有一个导电图形及所有设计好的孔（如元器件孔、机械安装孔及金属化孔等），以实现元器件之间的电气互连。

在电子设备中，印制电路板通常起三个作用：
1) 为电路中的各种元器件提供必要的机械支撑。

2）提供电路的电气连接。

3）用标记符号将板上要安装的各个元器件标注出来，便于插装、检查及调试。

但是，更为重要的是，使用印制电路板还有以下 4 大优点：

1）具有重复性。一旦印制电路板的布线经过验证，就不必再为制成的每一块板上的互连是否正确而逐个进行检验，所有板的连线与样板一致，这种方法适合于大规模工业化生产。

2）板的可预测性。通常，设计师按照"最坏情况"的设计原则来设计印制导线的长、宽、间距以及选择印制板的材料，以保证最终产品能通过试验条件。虽然此法不一定能准确地反映印制板及元器件使用的潜力，但可以保证最终产品测试的废品率很低，而且极大地简化了印制板的设计。

3）所有信号都可以沿导线任一点直接进行测试，不会因导线接触引起短路。

4）可以在一次焊接过程中将大部分印制板的焊点焊完。

在实际电路设计中，最终需要将电路中的实际元器件安装并焊接在印制电路板上。原理图的设计解决了元器件之间的逻辑连接，而元器件之间的物理连接则是靠 PCB 上的铜箔实现。

现代焊接方法主要有浸焊、波峰焊和回流焊接等，前两者主要用于通孔元器件的焊接，后者主要用于表面贴片元器件的焊接。现代焊接方法可以保证高速、高质量地完成焊接工作，减少了虚焊、漏焊，从而降低了电子设备的故障率。

正因为印制电路板有以上特点，所以从它面世的那天起，就得到了广泛的应用和发展，现代印制电路板已经朝着多层、精细线条、挠性的方向发展，特别是 20 世纪 80 年代开始推广的 SMD 技术是高精度印制板技术与超大规模集成电路（VLSI）技术的紧密结合，大幅提高了系统安装密度与系统的可靠性，元器件安装朝着自动化、高密度方向发展，对印制电路板导电图形的布线密度、导线精度和可靠性要求越来越高。与此相适应，为了满足对印制电路板数量上和质量上的要求，印制电路板的生产也越来越专业化、标准化、机械化和自动化，如今已在电子工业领域中形成一门新兴的印制电路板制造工业。

1.1.1 认知印制电路板（PCB）的组件

印制电路板几乎会出现在每一种电子设备当中，在其上安装元器件，通过印制导线、焊盘及金属化孔（也称为过孔）等进行线路连接，为了便于识读，在板上还印刷丝网图，用于元器件标识和 PCB 说明。

1. 认知 PCB 上的元器件

如图 1-2 所示，PCB 上的元器件主要有两大类，一类是通孔元器件，通常这类元器件体积较大，且印制板上必须钻孔才能插装；另一类是表面贴片元器件，这类元器件不必钻孔，利用钢模将半熔状锡膏倒入印制板上，再把元器件贴放上去，通过回流焊将元器件焊接在板上。

2. 认知 PCB 上的印制导线、为过孔和焊盘

PCB 上的印制导线也称为铜膜线，用于连接印制板上的线路，通常印制导线是焊盘或过孔之间的连线，而大部分的焊盘就是元器件的引脚，当无法顺利连接两个焊盘时，往往通过跳线或过孔实现连接。过孔一般用于连接不同层之间的印制导线。

项目1 印制电路板认知与制作

 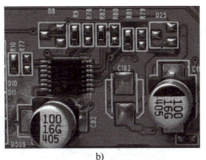 

a)　　　　　　　　　　　　　　b)

图1-2　PCB上的元器件

a) 通孔元器件　b) 表面贴片元器件

图1-3所示为印制导线的走线图，图中所示为双面板，两层之间印制导线通过过孔连接。

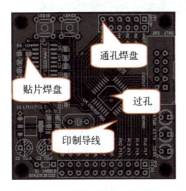 

图1-3　印制导线的走线图

3. 认知PCB上的阻焊与助焊

对于一个批量生产的印制板而言，通常在印制板上铺设一层阻焊，阻焊剂一般是绿色、棕色或黑色，所以成品PCB一般为绿色、棕色或黑色，这实际上是阻焊漆的颜色。

在PCB上，除了要焊接的地方外，其他地方根据PCB设计软件所产生的阻焊图来覆盖一层阻焊剂，这样可以进行快速焊接，并防止焊锡溢出引起短路；而对于要焊接的地方（通常是焊盘），则要涂上助焊剂，以便于焊接，如图1-4所示。

图1-4　PCB上的阻焊和助焊

4. 认知 PCB 上的丝网

为了让 PCB 更具有可读性，便于安装与维修，一般在 PCB 上要印一些文字或图案，如图 1-5 中的 R9、R10 等，用于标识元器件的位置或说明电路，通常将其称为丝网。丝网所在层称为丝网层，在顶层的称为顶层丝网层（Top Overlay），而在底层的则称为底层丝网层（Bottom Overlay）。

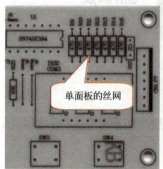
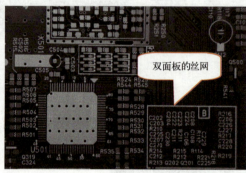

图 1-5　PCB 上的丝网

双面以上的板中丝网一般印制在阻焊层上。

5. 认知 PCB 中的金手指

在 PCB 设计中有时需要把两块 PCB 相互连接，一般会用到俗称"金手指"的接口。

金手指由众多金黄色的导电触片组成，因其表面镀金而且导电触片排列如手指状，所以称为"金手指"。金手指实际上是在覆铜板上通过特殊工艺再覆上一层金，因为金的抗氧化性极强，而且传导性也很强，不过因为金的价格昂贵，目前较多采用镀锡来代替。

金手指在使用时必须有对应的插槽，通常连接时，将一块 PCB 上的金手指插进另一块 PCB 的插槽上。在计算机中，独立显卡、独立声卡、独立网卡或其他类似的界面卡，都是通过金手指与主板相连的。

图 1-6 所示为显卡的金手指和计算机主板上的插槽。

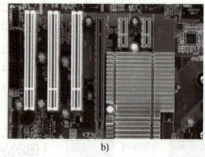

图 1-6　金手指与插槽
a）金手指　b）插槽

1.1.2　印制电路板的种类

目前，印制电路板一般以铜箔覆在绝缘板（基板）上，故通常称为覆铜板。

1. 根据 PCB 导电板层划分

1）单面印制板（Single Sided Print Board）。单面印制板指仅一面有导电图形的印制板，板的厚度为 0.2~5.0mm，它是在一面敷有铜箔的绝缘基板上，通过印制和腐蚀的方法在基板上形成印制电路，如图 1-7 所示。它适用于一般要求的电子设备，如收音机、电视机等。

图 1-7　单面印制板样图

2）双面印制板（Double Sided Print Board）。双面印制板指两面都有导电图形的印制板，板的厚度为 0.2~5.0mm，它是在两面敷有铜箔的绝缘基板上，通过印制和腐蚀的方法在基板上形成印制电路，两面的电气互连通过金属化孔实现，如图 1-8 所示。它适用于要求较高的电子设备，如计算机、电子仪表等，由于双面印制板的布线密度较高，所以可以减小设备的体积。

图 1-8　双面印制板样图

3）多层印制板（Multilayer Print Board）。多层印制板是由交替的导电图形层及绝缘材料层层压黏合而成的一块印制板，导电图形的层数在两层以上，层间电气互连通过过孔实现。多层印制板的连接线短而直，便于屏蔽，但印制板的工艺复杂，由于使用过孔，可靠性下降。它常用于计算机的板卡中，如图 1-9 和图 1-10 所示。

图 1-9　多层板样图

图 1-10　多层板示意图

对于印制板的制作而言，板的层数越多，制作过程就越复杂，失败率就会增加，成本也相对提高，所以只有在复杂的电路中才会使用多层板。目前以两层板最容易，市面上的四层板，是由顶层、底层，中间再加上两个电源板层组成，技术已经很成熟；而六层板就是四层板再加上两层布线板层，只有在高级的主机板或布线密度较高的场合才会用到；至于八层板以上，制作上就比较困难。

图 1-11 所示为四层板剖面图。通常在印制板上，元器件放在顶层，所以一般顶层也称元器件面，而底层一般是焊接用的，所以又称焊接面。对于贴片元器件，顶层和底层都可以放元器件。图中的通孔元器件通常体积较大，且印制板上必须钻孔才能插装；贴片元器件体积小，不必钻孔，通过回流焊将元器件焊接在印制板上。贴片元器件是目前商品化印制板的主要元器件，元器件贴装通常需要通过贴片机完成。

在多层板中，为减小信号线之间的相互干扰，通常将中间的一些层面都布上电源或地线，所以通常将多层板的板层按信号的不同分为信号层（Singal）、电源层（Power）和地线层（Ground）。

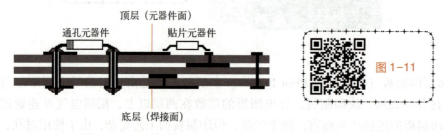

图 1-11　四层板剖面图

2. 根据 PCB 所用基板材料划分

1）刚性印制板（Rigid Print Board）。刚性印制板是指以刚性基材制成的 PCB，常见的 PCB 一般是刚性 PCB，如计算机中的板卡、家电中的印制板等，如图 1-7~图 1-9 所示。常见的刚性 PCB 有以下几类。

① 纸基板。价格低廉，性能较差，一般用于低频电路和要求不高的场合。

② 玻璃布基板。价格较纸基板高些，性能较好，常用于计算机、手机等产品中。

③ 合成纤维板。价格较贵，性能较好，常用于高频电路和高档家电产品中。

④ 陶瓷基板。具有介电常数低、介质损耗小、热导率高、机械强度高的特点，常用于高频 PCB、LED 灯、汽车车灯、路灯及户外大型看板等，如图 1-12 所示。

⑤ 金属基板。具有优异的散热性能、机械加工性能、电磁屏蔽性能等，在汽车电路、大功率电器设备、电源设备、大电流设备等领域得到了越来越多的应用，特别是在 LED 封装产品中作为底基板得到了广泛应用，图 1-13 所示为 LED 灯中的铝基板。

图 1-12　陶瓷基板样图　　　　图 1-13　LED 灯中的铝基板样图

2) 挠性印制板（Flexible Print Board）。挠性印制板也称柔性印制板或软印制板，是以聚四氟乙烯、聚酯等软性绝缘材料为基材的 PCB。由于它能进行折叠、弯曲和卷绕，在三维空间里可实现立体布线，它体积小、重量轻、装配方便，容易按照电路要求成形，提高了装配密度和板面利用率，因此可以节约 60%~90% 的空间，为电子产品小型化、薄型化创造了条件，如图 1-14 所示。它在笔记本计算机、手机、打印机、自动化仪表及通信设备中得到了广泛应用。

3) 刚-挠性印制板（Flex-rigid Print Board）。刚-挠性印制板指利用软性基材，在不同区域与刚性基材结合制成的 PCB，如图 1-15 所示。它主要应用于印制电路的接口部分。

图 1-14　挠性印制板样图　　　　图 1-15　刚-挠性印制板样图

任务 1.2　了解印制电路板的生产制作

制造印制电路板最初的一道基本工序是将底图或照相底片上的图形转印到覆铜箔层压板上，最简单的一种方法是印制-蚀刻法，或称为铜箔腐蚀法，即用防护性抗蚀材料在覆铜箔层压板上形成正性的图形，那些没有被抗蚀材料防护起来的不需要的铜箔经化学蚀刻而被去掉，蚀刻后将抗蚀层除去就留下由铜箔构成的所需的图形。

1.2.1　印制电路板制作生产工艺流程

一般印制板的制作要经过 CAD 辅助设计、照相底版制作、图像转移、化学镀、电镀、蚀刻和机械加工等过程，图 1-16 为双面板图形电镀-蚀刻法的工艺流程图。

单面印制板一般采用酚醛纸基覆铜箔板制作，也常采用环氧纸基或环氧玻璃布覆铜箔板，单面板图形比较简单，一般采用丝网漏印正性图形，然后蚀刻出印制板，也可以采用光化学法生产。

双面印制板通常采用环氧玻璃布覆铜箔板制造，双面板的制造一般分为工艺导线法、堵孔法、掩蔽法和图形电镀-蚀刻法。

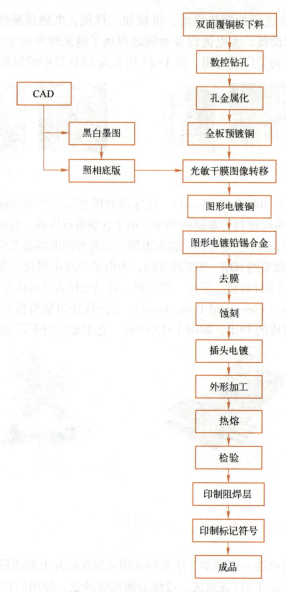

图 1-16 双面板制作工艺流程

多层印制板一般采用环氧玻璃布覆铜箔层压板。为了提高金属化孔的可靠性，应尽量选用耐高温的、基板尺寸稳定性好的、特别是厚度方向热线膨胀系数较小的、并和铜镀层热线膨胀系数基本匹配的新型材料。制作多层印制板，先用铜箔蚀刻法做出内层导线图形，然后根据设计要求，把几张内层导线图形重叠，放在专用的多层压机内，经过热压、黏合工序，就制成了具有内层导电图形的覆铜箔的层压板。

目前已定型的工艺主要有以下两种。

1) 减成法工艺。通过有选择性地除去不需要的铜箔部分来获得导电图形的方法。

减成法是印制电路制造的主要方法，其最大优点是工艺成熟、稳定且可靠。

2) 加成法工艺。在未覆铜箔的层压板基材上，有选择地淀积导电金属而形成导电图形的方法。

加成法工艺的优点是避免大量蚀刻铜，降低了成本；生产工序简化，生产效率提高；镀铜层的厚度一致，金属化孔的可靠性提高；印制导线平整，能制造高精密度PCB。

1.2.2　采用热转印方式制板

1.2.2　采用热转印方式制板

热转印制板的优点是直观、快速、方便、成功率高，但是对激光打印机要求高，需要专用的胶片或热转印纸。

热转印制板所需的主要材料有覆铜板、热转印纸、高温胶带、三氯化铁（或工业盐酸+过氧化氢）和松香水（松香+无水酒精）；设备工具有热转印机、激光打印机、裁板机、高速微型钻床、剪刀、锉刀、镊子、细砂纸、记号笔等。

热转印的具体操作流程为：激光打印出图→裁板→PCB图热转印→修板→线路腐蚀→钻孔→擦拭、清洗→涂松香水。

1. 激光打印出图

出图一般采用激光打印机，通过设计软件Protel DXP 2004 SP2将线路层打印在热转印纸的光滑面上，如图1-17所示。Protel DXP 2004 SP2的打印功能将在后面的章节中介绍。

图1-17　激光打印机出图

一般在打印时，为节约热转印纸，可将几个PCB图合并到同一个文件中再一起打印，打印完毕用剪刀将每一块印制板的图样剪开。

2. 裁板

板材准备又称下料，在PCB制作前，应根据设计好的PCB图大小来确定所需PCB基板的尺寸规格，然后根据具体需求进行裁板。

裁板机如图1-18所示，裁板时调整好定位尺，将电路板放置在底板上，根据PCB大小确定刀口位置，下压压杆进行裁板。

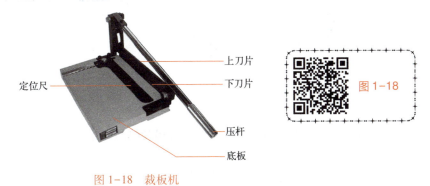

图1-18　裁板机

裁板时，为了后续贴转印纸方便，印制板上一般要留出贴高温胶带的位置，一般比转印的 PCB 图长 1 cm。

3. PCB 图热转印

PCB 图热转印即通过热转机将热转印纸上的 PCB 图转印到印制板上。热转印的具体步骤如下。

1）覆铜板表面处理。在进行热转印前必须先对覆铜板进行表面处理，由于加工、储存等原因，在覆铜板的表面会形成一层氧化层或污物，将影响底图的转印，在转印底图前需用细砂纸打磨印制板。

2）热转印纸裁剪。使用剪刀将带底图的热转印纸裁剪到略小于覆铜板大小，以便进行固定。

3）高温胶带固定。通过高温胶带将底图的一侧固定在印制板上，如图 1-19 所示。

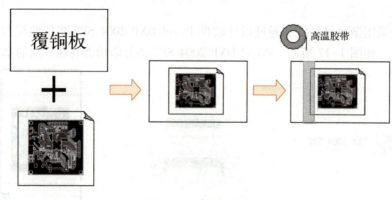

图 1-19　贴热转印纸

4）热转印。热转印是通过热转印机将热转印纸上的碳粉转印到覆铜板上。如图 1-20 所示，将热转印机进行预热，当温度达到 150℃左右时，将用高温胶带贴好热转印纸的覆铜板送入热转印机进行转印（注意贴胶带的位置先送入），热转印机的滚轴将步进转动进行转印。

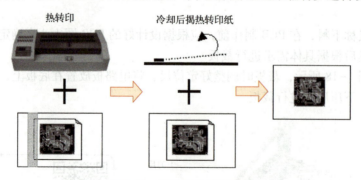

图 1-20　热转印及揭转印纸

4. 揭热转印纸与板修补

热转印完毕，自然冷却覆铜板，当不烫手时，小心揭开热转印纸，此时碳粉已经转印到覆铜板上。

揭开热转印纸后可能会出现部分地方没有转印好，此时需要进行修补，利用记号笔将没转印好的地方补描一下，晾干后即可进行线路腐蚀。

> **经验之谈**
> 1. 要进行转印的 PCB 图需打印在热转印纸的光滑面上。
> 2. 打印机的输出颜色应设置为黑白色（即选中"Black & White"）以保证有足够的碳粉。
> 3. 粘贴用的胶带必须使用高温胶带，普通胶带在转印中会因高温烧毁。
> 4. 热转印时应将贴有高温胶带的一侧先送入热转印机。

5. 线路腐蚀

线路腐蚀主要是通过腐蚀液将没有碳粉覆盖的铜箔腐蚀，而保留下碳粉覆盖部分，即设计好的 PCB 铜膜线。

线路腐蚀采用过氧化氢+盐酸+水混合液，过氧化氢和盐酸的比例为 3∶1，配制时必须先加水稀释过氧化氢，再混合盐酸。由于过氧化氢和盐酸溶液的浓度各不相同，腐蚀时可根据实际情况调整用量。这种腐蚀方法速度快，腐蚀液清澈透明，容易观察腐蚀程度，腐蚀完毕要迅速用竹筷或镊子将 PCB 捞出，再用水进行冲洗，最后烘干。

线路腐蚀也可以采用三氯化铁溶液进行。

腐蚀后的 PCB 如图 1-21 所示，图中的铜膜线上覆盖有碳粉。

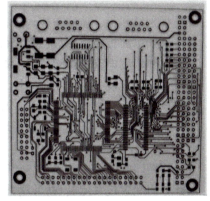

图 1-21　腐蚀后的 PCB

6. 钻孔

钻孔的主要目的是在线路板上插装元器件，常用的手动打孔设备有高速视频钻床和高速微型台钻，如图 1-22 所示。

图 1-22

图 1-22　钻孔设备
a）高速视频钻床　b）高速微型台钻

钻孔时要对准焊盘中心，钻孔过程中要根据需要调整钻头的粗细。为便于钻孔时对准焊盘中心，在打印 PCB 图时，可将焊盘的孔设置为显示状态（Show Hole）。

7. 后期处理

钻孔后，用细砂纸将印制电路板上的碳粉擦除，清理干净后涂上松香水，以便于后期的焊接，防止氧化。

技能实训 1　热转印方式制板

1. 实训目的

1）认知印制电路板的基本组成。
2）认知常用的印制板基材及类型。
3）掌握热转印制板的方法。
4）手工制作一块印制电路板。

2. 实训内容

1）识别纸基板、玻璃布板、陶瓷基板和金属基板。
2）认知单面板、双面板、多层板及挠性印制板。
3）认知印制电路板：元器件、焊盘、过孔、印制导线、阻焊、助焊和丝网等。
4）认知制板设备：激光打印机、热转印机、裁板机及高速微型台钻等。
5）认知制板辅材：热转印纸、高温胶带及细砂纸等。
6）采用热转印方式手工制作一块单面印制电路板。

3. 思考题

1）热转印的图形应打印在热转印纸的光面还是麻面？
2）如何配置过氧化氢+盐酸腐蚀液？
3）如何进行热转印制板？简述步骤。

思考与练习

1. 简述印制电路板的概念与作用。
2. 按导电板层划分，印制电路板可分为哪几种？
3. 按基板材料划分，印制电路板可分为哪几种？
4. 简述热转印制板的步骤。
5. 如何进行腐蚀液配制？

项目 2　原理图标准化设计

知识与能力目标
1）掌握原理图设计的基本方法
2）掌握原理图电气规则检查方法
3）掌握元器件的封装设置方法
4）掌握报表文件的生成与使用

素养目标
1）培养学生建立标准意识
2）培养学生正确的价值观和职业态度

Protel DXP 2004 SP2 是 Altium 公司推出的一套板卡级设计软件，具有强大的交互式设计功能。本项目通过实例介绍电路原理图的设计方法，它是印制电路板设计的基础，决定了后续设计工作的进展。

任务 2.1　了解 Protel DXP 2004 SP2 软件

本任务主要学习 Protel DXP 2004 SP2 的启动、常用设置及文件操作，为后续设计打好基础。

2.1　了解 Protel DXP 2004 SP2 软件

2.1.1　启动 Protel DXP 2004 SP2

启动 Protel DXP 2004 SP2 有两种常用方法，具体如下。

1）在"开始"菜单中，单击 DXP 2004 SP2 快捷方式图标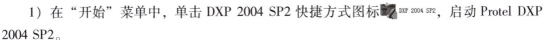，启动 Protel DXP 2004 SP2。

2）执行"开始"→"程序"→"Altium SP2"→"DXP 2004 SP2"命令，启动 Protel DXP 2004 SP2。

启动程序后，屏幕出现 Protel DXP 2004 SP2 的启动界面，如图 2-1 所示。系统自动加载完编辑器、编译器、元器件库等相关模块后进入设计主窗口，如图 2-2 所示。

如果是初次安装，系统默认英文界面，Protel DXP 2004 SP2 支持中文界面，需要进行相关设置。

图 2-1　Protel DXP 2004 SP2 的启动界面

图 2-2　Protel DXP 2004 SP2 设计主窗口（英文界面）

2.1.2　Protel DXP 2004 SP2 中英文界面切换

Protel DXP 2004 SP2 默认的设计界面为英文界面，它支持中文界面，可以在"Preferences"（优先设定）中进行中英文界面切换。

在图 2-2 所示的主界面中，单击左上角的"DXP"菜单，弹出一个下拉菜单，如图 2-3 所示，选择"Preferences"命令，弹出"Preferences"对话框，选中"DXP System"下的"General"选项，在对话框正下方"Localization"区中选中"Use localized resources"复选框，单击"Apply"按钮，完成界面转换，如图 2-4 所示。

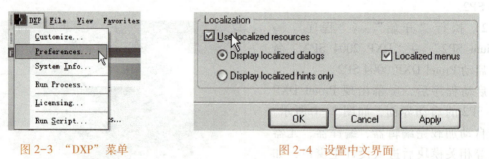

图 2-3　"DXP"菜单　　　　　　　图 2-4　设置中文界面

设置完毕，关闭 Protel DXP 2004 SP2 并重新启动后，系统的界面就切换为中文界面，如图 2-5 所示。

在 Protel DXP 2004 SP2 中文界面主窗口中，执行菜单"DXP"→"优选设定"命令，在弹出对话框的"本地化"区中取消"使用本地化的资源"复选框，单击"适用"按钮，关闭并重新启动 Protel DXP 2004 SP2 后，系统恢复为英文界面。

项目 2　原理图标准化设计

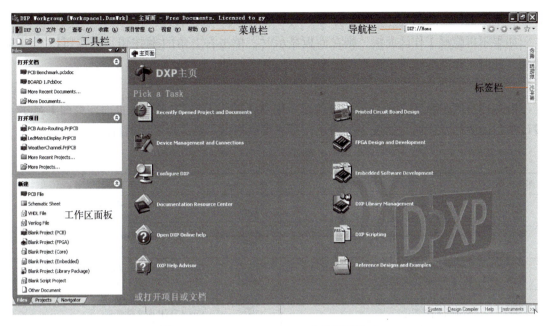

图 2-5　Protel DXP 2004 SP2 中文界面主窗口

2.1.3　Protel DXP 2004 SP2 的工作环境

1. Protel DXP 2004 SP2 主窗口

启动 Protel DXP 2004 SP2 后出现图 2-5 所示的主窗口，主窗口的上方为菜单栏、工具栏和导航栏；左边为树型结构的文件工作区面板（Files Panels），包括"打开文档""打开项目"及"新建"文件等；中间为工作窗口，列出了常用的工作任务；右边是标签栏，包括收藏、剪贴板及元器件库设置等标签；最下边的左侧为状态栏，右侧为工作区面板标签。

2. 工作区面板

工作区面板默认位于主窗口的左边，可以显示或隐藏，也可以被任意移动到窗口的其他位置。

（1）移动工作区面板

用鼠标左键点住工作区面板状态栏不放，拖动光标在窗口中移动，可以将工作区面板移动到所需的位置。

（2）工作区面板标签切换

工作区面板通常有"Files""Projects"及"Navigator"等标签，一般位于面板的左下方，用鼠标左键单击所需的标签可以查看该标签的内容，如图 2-6 所示，图中选中的是"Files"标签。

（3）工作区面板的显示与隐藏

单击图 2-6 所示工作区面板右上角的 按钮，则按钮的形状变为 ，此时如果把光标移出工作区面板，则工作区面板将自动隐藏，并在主窗口左侧显示工作区面板标签。

图 2-6　工作区面板

若单击窗口左边的工作区面板标签,则对应的面板将自动打开。

如果不再隐藏工作区面板,则在面板显示时,单击右上角的 按钮,则按钮恢复为 状态,此时工作区面板将不再自动隐藏。

3. DXP 主页工作窗口

Protel DXP 2004 SP2 启动后,工作窗口中默认的是 DXP 主页视图页面,页面上显示了设计项目的图标及说明,如表 2-1 所示,用户可以根据需要选择设计项目。

表 2-1 Protel DXP 2004 SP2 主页工作窗口设计项目说明

图标	中英文功能说明	图标	中英文功能说明
	Recently Opened Project and Documents 最近打开的项目设计文件和设计文档		Printed Circuit Board Design PCB 设计相关选项
	Device Management and Connections 元器件管理和连接		FPGA Design and Development FPGA 项目设计相关选项
	Configure DXP 配置 Protel DXP 系统		Embedded Software Development 嵌入式软件开发相关选项
	Documentation Resource Center 帮助文档资源中心		DXP Library Management Protel DXP 库文件管理
	Open DXP Online help Protel DXP 在线帮助系统		DXP Scripting Protel DXP 脚本编辑管理
	DXP Help Advisor Protel DXP 帮助向导		Reference Designs and Examples 参考设计实例

执行菜单"查看"→"主页"命令,可以打开 DXP 主页面。

4. 恢复系统默认的初始界面

用户在使用过程中进行界面改动后可能无法返回初始的工作界面,可以执行菜单"查看"→"桌面布局"→"Default"命令恢复系统默认的初始界面。

2.1.4 Protel DXP 2004 SP2 系统自动备份设置

在项目设计过程中,为防止出现意外故障造成设计内容丢失,一般需要对系统进行自动备份设置,以减小损失。

执行菜单"DXP"→"优先设定"命令,弹出"优先设定"对话框,如图 2-7 所示,选择"Backup"选项,在其中可以设定自动备份的时间间隔、保存的版本数及备份文件保存的路径。

图 2-7 自动备份设置

2.1.5 PCB 项目及设计文件

2.1.5 PCB 项目及设计文件

Protel DXP 2004 SP2 中引入了项目的概念（*.PrjPcb），其包含一系列的单个文件，项目文件的作用是建立与单个文件之间的链接关系，方便设计者组织和管理。

PCB 工程项目文件包括原理图设计文件（*.schDoc、*.sch）；PCB 设计文件（*.pcbDoc、*.pcb）；原理图库文件（*.schlib、*.lib）；PCB 元器件库文件（*.pcblib、*.lib）；网络报表文件（*.Net）；报告文件（*.rep、*.log、*.rpt）；CAM 报表文件（*.Cam）等。

图 2-8 所示的 PCB 工程项目文件中包含了原理图文件、PCB 设计文件、原理图库文件及 CAM 报表文件等。

在项目设计中，通常将同一个项目的所有文件都保存在一个项目设计文件中，以便于文件管理。Protel DXP 2004 SP2 的 PCB 设计通常是先建立 PCB 工程项目文件，然后在该项目文件下建立原理图、PCB 等其他文件，建立的项目文件将显示在"Projects"选项卡中。

1. 新建 PCB 项目

执行菜单"文件"→"创建"→"项目"→"PCB 项目"命令，Protel DXP 2004 SP2 会自动创建一个名为"PCB_Project1.PrjPCB"的空白工程项目文件，如图 2-9 所示，此时的文件显示在"Projects"选项卡中，在新建的项目文件"PCB_Project1.PrjPCB"下显示的是没有文件的空文件夹"No Documents Added"。

图 2-8 PCB 工程项目文件

图 2-9 新建 PCB 项目

2. 保存项目

建立 PCB 项目文件后，通常将项目文件另存为自己需要的文件名，并保存到指定的文件夹中。

执行菜单"文件"→"另存项目为"命令，弹出"另存项目"对话框，更改保存的文件夹和文件名后，单击"保存"按钮，完成项目保存，如图 2-10 所示。

保存后的文件将重新显示在工作区面板中，图 2-11 所示为更名后的项目文件。

3. 新建设计文件

在新建的空白项目中，没有原理图和 PCB 的任何文件，因此绘制原理图或 PCB 时必须在该项目中新建或追加对应的文件。

图2-10 "另存项目"对话框

图2-11 更名后的项目文件

添加新原理图文件的方法有两种：一是执行菜单"文件"→"创建"→"原理图"命令；二是右击项目文件名，在弹出的菜单中选择"追加新文件到项目中"→"Schematic"命令，新建原理图。

建立好主要设计文件后的工作区面板如图2-8所示，图中的"Source Documents"文件夹中保存的是原理图和印制板文件，"Libraries"文件夹中保存的是元器件库。

4. 追加已有的文件到项目中

有些电路在设计时并未放置在项目文件中，此时若要将它添加到项目文件中，可以右击项目文件名，在弹出的菜单中选择"追加已有文件到项目中"命令，弹出一个对话框，选择要追加的文件后单击"打开"按钮，实现文件追加。

5. 打开文件

在电路设计中，有时需要打开已有的某个文件，可以执行菜单"文件"→"打开"命令，弹出"打开文件"对话框，选择所需的路径和文件后，单击"打开"按钮，打开相应文件。

若需要打开项目文件，则执行菜单"文件"→"打开项目"命令。

6. 关闭项目文件

右击项目文件名，在弹出的菜单中选择"Close Project"命令关闭项目文件，若该项目中有文件未保存过，屏幕将弹出一个对话框提示是否保存文件。

若选择"关闭项目中的文件"命令，则将该项目中的子文件关闭，而项目文件则保留。

7. 项目文件与独立文件

如图2-12所示工作区面板中，"单管放大.PRJPCB"是一个项目文件，其下包含一个文件"单管放大.SCHDOC"，它是通过"文件"→"创建"→"项目"→"PCB项目"命令建立的；图中的"Free Documents"为独立文件，其下的文件"Sheet1.SchDoc"不属于任何项目，它是在未建立项目文件的情况下通过"文件"→"创建"→"原理图"命令建立的。

在Protel DXP 2004 SP2的一些设计中有时要求必须在项目下才能进行，如果是独立文件则某些操

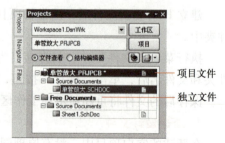

图2-12 项目文件与独立文件

作无法进行。为解决该问题，可以新建项目文件，然后将图 2-12 中的独立文件（如 Sheet1.SchDoc）拖到该项目文件中即可。

任务 2.2　认知原理图编辑器

本任务主要学习原理图编辑器的组成与常用设置。

2.2.1　原理图设计基本步骤

2.2　认知原理图编辑器

原理图设计大致可以按照以下步骤进行。

1）创建工程项目和原理图文件。
2）配置工作环境，设置图纸大小、方向和标题栏。
3）设置元器件库。
4）放置元器件、电源符号、接口等。元器件可以从原理图库中获取，对于库中没有的元器件，需要自行设计。
5）元器件布局与布线。
6）元器件封装设置。
7）放置网络标号、说明文字等进行电路连接和标注说明。
8）电气检查与调整。
9）保存文件。
10）报表输出和电路输出。

2.2.2　原理图编辑器

1. 新建原理图文件

1）在 Protel DXP 2004 SP2 主窗口下，执行菜单"文件"→"创建"→"项目"→"PCB 项目"命令，新建项目文件"PCB_Project1.PrjPCB"。

2）执行菜单"文件"→"另存项目为"命令，将项目另存为"单管放大.PrjPCB"。

3）执行菜单"文件"→"创建"→"原理图"命令创建原理图文件，系统将自动在当前项目文件下新建一个名为"Source Documents"的文件夹，并在该文件夹下建立了原理图文件"Sheet1.SchDoc"，并进入原理图设计界面，如图 2-13 所示。

4）右击原理图文件"Sheet1.SchDoc"，在弹出的菜单中选择"另存为"，屏幕弹出一个对话框，将文件另存为"单管放大.SchDoc"。

2. 原理图编辑器

图 2-13 所示的原理图编辑器，工作区面板中已经建立了项目文件"单管放大.PrjPCB"和原理图文件"单管放大.SCHDOC"。

原理图编辑器由主菜单、原理图标准工具栏、"配线"工具栏、"实用"工具栏（包括绘图工具、电源工具、常用元器件工具等）、工作窗口、工作区面板、"元件库"标签等组成。

3. 原理图标准工具栏

Protel DXP 2004 SP2 提供形象直观的工具栏，可以单击工具栏上的相应按钮来执行常用的命令。原理图标准工具栏的按钮功能如表 2-2 所示。

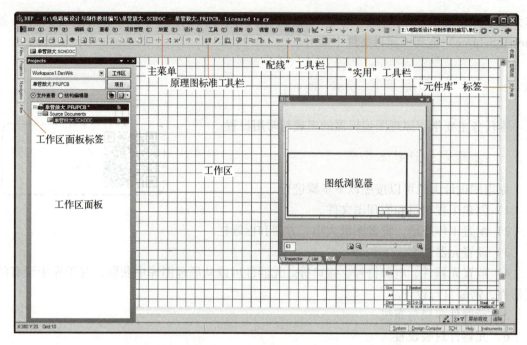

图 2-13 原理图编辑器

表 2-2 原理图标准工具栏的按钮功能

按钮	功 能	按钮	功 能	按钮	功 能	按钮	功 能
	创建文件		显示整个工作面		橡皮图章		重做
	打开已有文件		缩放选择的区域		选取框选区的对象		主图、子图切换
	保存当前文件		缩放选定对象		移动被选对象		设置测试点
	直接打印文件		剪切		取消选取状态		浏览元器件库
	打印预览		复制		消除当前过滤器		帮助
	打开器件视图页面		粘贴		取消		

执行菜单"查看"→"工具栏"→"原理图标准"命令可以打开或关闭标准工具栏。

4. 图纸浏览器

在图 2-13 中，左侧的工作区面板显示的是当前的项目文件，工作区中有一个"图纸"窗口，该窗口用于浏览当前工作区中的内容，单击窗口下方的 按钮和 按钮，可以放大和缩小电路图，拖动红色的边框，可以对电路图进行局部浏览。

执行菜单"查看"→"工作区面板"→"SCH"→"图纸"命令可以打开或关闭"图纸"窗口。

2.2.3 设置图纸格式

进入原理图编辑器后，一般要先设置图纸参数。图纸尺

设置图纸格式、单位制和网格尺寸

寸大小是根据电路图的规模和复杂程度确定的，图纸尺寸设置方法如下。

双击图纸边框或执行菜单"设计"→"文档选项"命令，弹出如图2-14所示的"文档选项"对话框，选中"图纸选项"选项卡进行图纸设置。

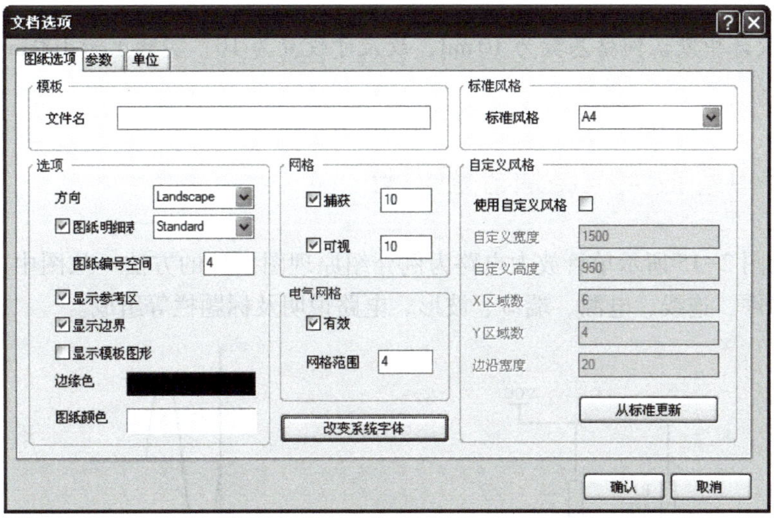

图 2-14 "文档选项"对话框

图中"标准风格"区用于设置标准图纸尺寸，可在其后的下拉列表框选择；"自定义风格"区用于自定义图纸尺寸，必须选中"使用自定义风格"复选框；"选项"区的"方向"下拉列表框用于设置图纸方向，有Landscape（横向）和Portrait（纵向）两种。

2.2.4 设置单位制和网格尺寸

进入原理图编辑器后，可以看见其工作区背景呈现为网格（或称栅格）形，这种网格就是可视网格，是可以进行设置的，网格为元器件的布局和连线带来了极大的方便。

1. 设置单位制

Protel DXP 2004 SP2的原理图设计提供有英制（mil）和公制（mm）两种单位制，可在图2-14中选中"单位"选项卡进行单位制设置，一般默认使用英制单位系统，单位是mil。

在原理图设计中一般默认使用英制，无须重新设置单位制。

2. 设置网格尺寸

Protel DXP 2004 SP2网格类型主要有3种，即捕获网格、可视网格和电气网格。捕获网格是指光标移动一次的步长；可视网格指的是图纸上实际显示的网格之间的距离；电气网格指的是自动寻找电气节点的半径范围。

图2-14中的"网格"区用于设置图纸的网格，其中"捕获"用于捕获网格的设定，图中设定为10，即光标移动一次的距离为10；"可视"用于可视网格的设定，即图纸上网格的间距，此项设置只影响视觉效果，不影响光标的位移量。例如"可视"设定为20，"捕获"设定为10，则光标移动两次走完一个可视网格。

图2-14中"电气网格"区用于电气网格的设定，选中"有效"复选框，在绘制导线时，系统会以"Grid"中设置的值为半径，以光标所在点为中心，向四周搜索电气节点，如

果在搜索半径内有电气节点，系统会将光标自动移到该节点上，并在该节点上显示一个圆点。

经验之谈

原理图设计中默认网格基数为 10 mil，故尺寸设置为 10，实际上为 100 mil。

任务 2.3　单管放大电路原理图设计

本任务以图 2-15 所示单管放大电路为例介绍原理图设计的方法。从图中可以看出，该图主要由元器件、连线、电源、端口、波形、电路说明及标题栏等组成。

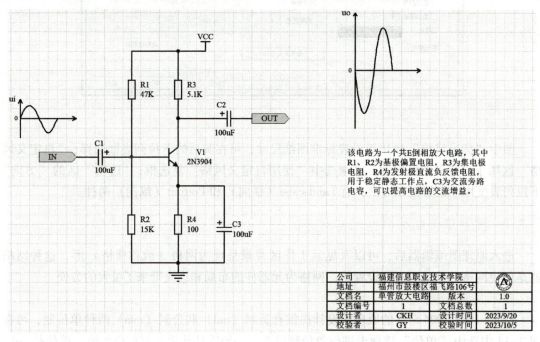

图 2-15　单管放大电路

本例中元器件较少，采用放置元器件→布局调整→连线→属性修改的模式进行设计。对于比较大的电路则可以一边放置，一边布局连线，最后进行调整。

执行菜单"文件"→"创建"→"项目"→"PCB 项目"命令，创建项目文件并将其另存为"单管放大电路"。

执行菜单"文件"→"创建"→"原理图"命令创建原理图文件，并将其另存为"单管放大 . SCHDOC"。

2.3.1　原理图配线工具使用

Protel DXP 2004 SP2 提供有配线工具栏用于原理图的快捷绘制，如图 2-16 所示。

图 2-16　"配线"工具栏

"配线"工具栏用于原理图设计中常用电路元素的放置,具体功能详见表 2-3。

表 2-3 "配线"工具栏按钮及功能

图标	功能	图标	功能
≈	放置导线	⊅	放置元器件
⊤	放置总线	⊞	放置层次电路图
⼊	放置总线入口(总线分支线)	▷	放置层次电路图输入/输出端口
Net	放置网络标号	▷	放置电路的输入/输出端口
⏚	放置 GND 接地端口	✕	放置忽略 ERC 检查指示符
Vcc	放置 Vcc 电源端口		

"配线"工具栏的显示与隐藏可以执行菜单"查看"→"工具栏"→"配线"命令实现。

2.3.2 设置元器件库

在放置元器件之前,必须了解要放置的元器件在哪个库中,并将该元器件所在的元器件库加载到内存。但如果一次加载的元器件库过多,将占用较多的系统资源,同时也会降低程序的运行效率,所以最好的做法是只加载必要的元器件库,而其他的元器件库在需要时再加载。

1. 加载元器件库

单击原理图编辑器右上角的"元件库"标签,打开图 2-17 所示的"元件库"控制面板,该控制面板中包含元器件库栏、元器件查找栏、元器件列表栏、当前元器件符号栏、当前元器件封装等参数栏和元器件封装图形等内容,用户可以在其中查看相应信息,判断元器件是否符合要求。其中元器件封装图形默认为不显示状态,用鼠标单击该区域将显示元器件封装图形。

单击图 2-17 中的"元件库…"按钮,弹出"可用元件库"对话框,如图 2-18 所示,选择"安装"选项卡,窗口中显示当前已装载的元器件库。

单击图 2-18 中的"安装"按钮,弹出"打开"元器件库对话框,如图 2-19 所示,此时可以根据需要选择元器件库,选中元器件库后单击"打开"按钮完成元

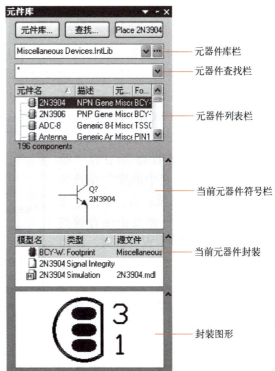

图 2-17 "元件库"控制面板

器件库加载。

图 2-18 "可用元件库"对话框

图 2-19 加载元器件库

Protel DXP 2004 SP2 的元器件库是按厂商进行分类的,元器件库默认在 Altium 2004 SP2\Library 目录下,选定某个厂商的文件夹,将列出该厂商的全部元器件库供选择。

图中"文件类型"中可选择 *.INTLIB（集成元器件库,包含原理图和 PCB 元器件）、*.SCHLIB（原理图元器件库）、*.PCBLIB（PCB 元器件库,即封装）及 *.PCB3DLIB（PCB 3D 元器件库）等,在原理图设计时,通常选择 *.INTLIB 或 *.SCHLIB。

在原理图设计中,常用元器件库为 Miscellaneous Devices.IntLib 和 Miscellaneous Connectors.IntLib,库中包含了电阻、电容、二极管、晶体管、变压器、按键开关、接插件等常用元器件。

2. 通过查找元器件方式设置元器件库

在设计中,有时不知道元器件所在库而无法使用该元器件,可以采用查找元器件的方式来设置包含该元器件的元器件库。下面以设置调频发射芯片 MC2833 所在库为例进行介绍。

单击图 2-17 中的"查找…"按钮,弹出如图 2-20 所示的"元件库查找"对话框,在文本栏中输入"MC2833"（也可采用模糊查找,输入 *2833,其中 * 代表任意字符,可以提高查找效率）,在"范围"区中选中"路径中的库"单选按钮,"路径"采用系统默认,单击"查找"按钮开始查找,弹出正在查找的"元件库"控制面板,查找结束,该面板中将显示查找到的元器件信息,如图 2-21 所示。

从查找结果中可以看出该元器件在"Motorola RF and IF Transmitter.IntLib"库中,由于该库尚未加载到当前库中,

图 2-20 "元件库查找"对话框

因此单击图 2-21 中的"Place MC2833P"按钮放置元器件 MC2833P 时,弹出一个对话框,询问是否安装该元器件库,单击"是(Y)"按钮,安装该元器件库并放置元器件；单击

"否(N)"按钮,则不安装该元器件库,但可以放置该元器件。

3. 删除已设置的元器件库

如果要删除已设置的元器件库,可在图2-18中单击选中元器件库,然后单击"删除"按钮,移去已设置的元器件库。

经验之谈

在进行元器件搜索时文本输入不允许出现系统参数及与"/、\、="等字符相结合的文本。

2.3.3 放置元器件

本例中要用到3种元器件,即电阻Res2、电解电容Cap Pol2和晶体管2N3904,它们都在Miscellaneous Devices.IntLib库中,系统默认已安装该库。

1. 通过元器件库控制面板放置元器件

选中所需元器件库,该元器件库中的元器件将出现在元器件列表中,找到晶体管2N3904,控制面板中将显示它的元器件符号和封装图等,如图2-22所示。

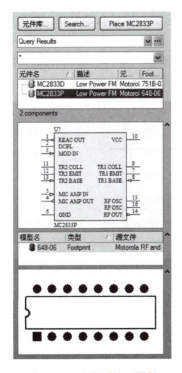
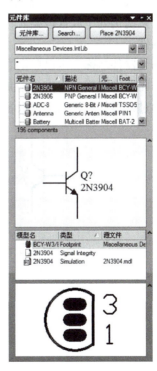

图2-21 查找到的元器件 　　　　图2-22 放置晶体管2N3904

单击"Place 2N3904"按钮,将光标移到工作区中,此时元器件以虚框的形式附在光标上,将元器件移动到合适位置后,单击放置元器件,此时系统仍处于放置元器件状态,可继续放置该类元器件,右击退出放置状态,放置元器件的过程如图2-23所示。

2. 通过菜单放置元器件

执行菜单"放置"→"元件"命令或单击配线工具栏的 按钮，弹出图 2-24 所示的"放置元件"对话框，在"库参考"栏中输入需要放置的元器件名称，如电阻为 RES2；在"标识符"栏中输入元器件标号，如 R1；在"注释"栏中输入标称值或元器件型号，如 10K；"封装"栏用于设置元器件的 PCB 封装形式，系统默认电阻封装为 AXIAL-0.4。

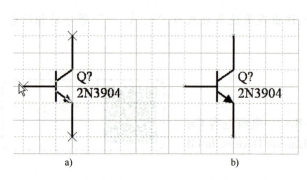

图 2-23　放置元器件的过程　　　　　　　图 2-24　"放置元件"对话框
a）放置元器件初始状态　b）放置好的元器件

所有内容输入完毕，单击"确认"按钮，此时元器件出现在光标处，单击放置元器件。放置元器件后系统仍处于放置该类元器件状态，且元器件标号自动加 1，单击鼠标右键取消继续放置元器件。

若不了解元器件名称，可以单击右边"浏览"按钮 进行元器件浏览，从中可以查看元器件名称与元器件图形的对应关系并选择元器件。

本例中通过元器件库控制面板放置元器件，放置元器件后的原理图如图 2-25 所示。

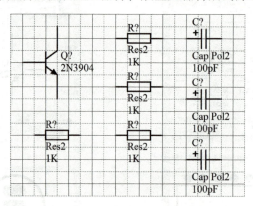

图 2-25　放置元器件后的原理图

 经验之谈

放置元器件时，可以在元器件列表栏中输入元器件名的部分字符，如"RES"，元器件列表栏中将自动跳转到以"RES"开头的元器件。

2.3.4 调整元器件布局

元器件放置完毕，在连线前必须先调整其布局，即将元器件移动到合适的位置。

1. 选中元器件

对元器件等对象进行布局操作时，首先要选中对象，选中对象的方法有以下几种。

1) 执行菜单"编辑"→"选择"命令，选择"区域内对象"或"区域外对象"命令，可以通过拉框选中对象；选择"全部对象"命令，则选中图上所有对象；选择"切换选择"命令，则是一个开关命令，当对象处于未选取状态时，使用该命令可选取对象，当对象处于选取状态时，使用该命令可以解除选取状态。

2) 利用工具栏按钮选取对象。单击主工具栏上的 按钮，用鼠标拉框选取框内对象。

3) 直接用鼠标单击点取。对于单个对象的选取可以单击点取对象，被点取的对象周围出现虚线框，即处于选中状态，但用这种方法每次只能选取一个对象；若要同时选中多个对象，则可以在按住〈Shift〉键的同时，依次单击点取多个对象。

2. 解除元器件选中状态

元器件被选中后，所选元器件的外边有一个绿色的外框，一般执行完所需的操作后，必须解除元器件的选取状态。在工作区空白处单击可以解除元器件的选中状态。

3. 移动元器件

1) 单个元器件移动。用鼠标左键点住要移动的元器件，将元器件拖到要放置的位置，松开鼠标左键即可。

2) 一组元器件的移动。用鼠标拉框选中一组元器件或在按下〈Shift〉键的同时用鼠标左键依次点取选中一组元器件，然后用鼠标点住其中的一个元器件，将这组元器件拖到要放置的位置，松开鼠标左键即可，如图 2-26 所示。

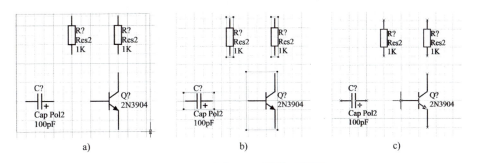

图 2-26 移动一组元器件示意图
a) 拉框选中一组元器件　b) 选中的一组元器件　c) 移动选中的元器件

4. 元器件的旋转

对于放置好的元器件，在重新布局时可能需要对元器件的方向进行调整，可以通过键盘按键来调整元器件的方向。

用鼠标左键点住要旋转的元器件不放，按键盘上的〈Space〉键可以进行逆时针旋转90°，按〈X〉键可以进行水平方向翻转，按〈Y〉键可以进行垂直方向翻转，如图 2-27 所示。

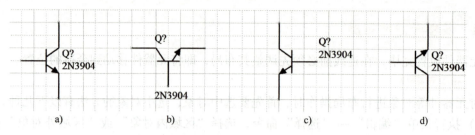

图 2-27 元器件旋转示意图

a）原状态 b）逆时针旋转 90° c）水平翻转 d）垂直翻转

> **经验之谈**
>
> 必须在英文输入法状态下按〈Space〉键、〈X〉键、〈Y〉键才可以对元器件进行旋转和翻转。

5. 对象的删除

要删除某个对象，可用鼠标左键单击要删除的对象，此时元器件将被虚线框住，按键盘上的〈Delete〉键删除该对象。

6. 全局显示全部对象

元器件布局调整完毕，执行菜单"查看"→"显示全部对象"命令，全局显示所有对象，此时可以观察布局是否合理。完成元器件布局调整的单管放大电路如图 2-28 所示。

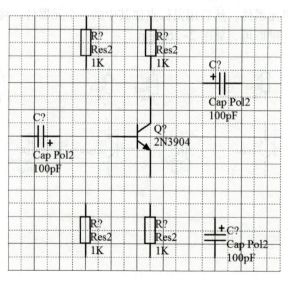

图 2-28 单管放大电路布局图

2.3.5 放置电源和接地符号

执行菜单"放置"→"电源端口"命令，进入放置电源符号状态，此时光标上附着一个电源符号，按下〈Tab〉

放置电源和接地符号、I/O 端口

键，弹出图 2-29 所示的"电源端口"对话框，其中"属性"区的"网络"栏可以设置电源端口的网络名，通常电源符号设为 VCC，接地符号设置为 GND；单击"风格"栏后的 Bar 处的下拉列表框，可以选择电源和接地符号的形状，共有 7 种，如图 2-30 所示。

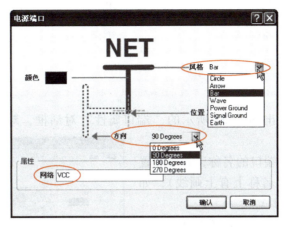

图 2-29 "电源端口"对话框

设置完毕单击"确认"按钮，将光标移动到适当位置后单击鼠标左键放置电源符号。

在实际设计时，一般可以直接单击"配线"工具栏的 按钮，放置电源符号；单击"配线"工具栏的 按钮，放置接地符号。

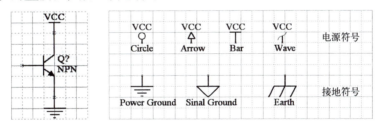

图 2-30 电源和接地符号

执行菜单"查看"→"工具栏"→"实用工具栏"命令，打开实用工具栏，选中 按钮，弹出各类电源符号和接地符号；选中相应选项，可以放置对应的符号。

> **经验之谈**
>
> 由于在放置电源端口时，初始出现的是电源符号，若要改为接地符号，除了要修改"Style"（类型）外，还必须将"Name"（网络名称）修改为 GND，否则在 PCB 布线时会出错。

2.3.6 放置电路的 I/O 端口

I/O 端口通常表示电路的输入或输出，通过导线与元器件引脚相连，具有相同名称的 I/O 端口在电气上是相连接的。

执行菜单"放置"→"端口"命令或单击"配线"工具栏的 按钮，进入放置电路 I/O 端口状态，光标上带着一个悬浮的 I/O 端口，将光标移动到所需的位置，单击鼠标左键，确定端口的起点，拖动光标可以改变端口的长度，调整到合适的大小后，再次单击鼠标左键，即可放置一个 I/O 端口，如图 2-31 所示，单击鼠标右键退出放置状态。

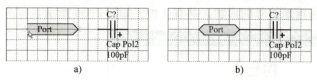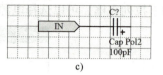

图 2-31　放置 I/O 端口

a) 悬浮状态的 I/O 端口　b) 放置并连线后的 I/O 端口　c) 定义属性后的 I/O 端口

双击 I/O 端口，弹出图 2-32 所示的"端口属性"对话框，对话框中主要参数说明如下。

"名称"：设置 I/O 端口的名称，若要放置低电平有效的端口（即名称上有上画线），如 $\overline{RD}$，则输入方式为 R\D\。

"I/O 类型"下拉列表框：设置 I/O 端口电气特性，共有 4 种类型，分别为 Unspecified（未指明或不指定）、Output（输出端口）、Input（输入端口）、Bidirectional（双向型）。

本例中在电路的输入和输出端各放置一个端口，输入端口为 IN，输出端口为 OUT。

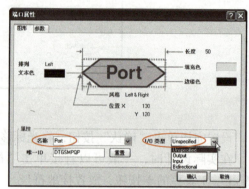

图 2-32　"端口属性"对话框

2.3.7　电气连接

完成元器件布局调整后即可开始对元器件进行布线，以实现电气连接。

1. 放置导线

执行菜单"放置"→"导线"命令，或单击"配线"工具栏的 按钮，光标变为"×"形，此时系统处于画导线状态，将光标移至所需位置，单击定义导线起点，将光标移至下一位置，再次单击完成两点间的连线，右击退出画线状态。

在连线中，当光标接近引脚时，会出现一个"×"形连接标志，此标志代表电气连接的意义，此时单击，这条导线就与引脚建立了电气连接，元器件连接过程如图 2-33 所示。

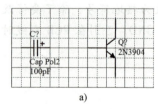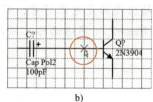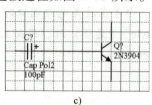

图 2-33　放置导线示意图

a) 需连接的元器件　b) 连接标志　c) 连接后的元器件

2. 设置导线转弯形式

在放置导线时，系统默认的导线转弯方式为 90°，若要改变连线转角，可在放置导线的状态下按〈Shift+Space〉键，依次切换为90°转角、45°转角和任意转角，如图2-34所示。

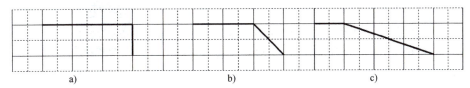

图2-34　导线转弯示意图
a）90°转角　b）45°转角　c）任意转角

3. 放置节点

节点用来表示两条相交导线是否在电气上连接。没有节点，表示在电气上不连接；有节点，则表示在电气上是连接的。

执行菜单"放置"→"手工放置节点"命令，进入放置节点状态，此时光标上带着一个悬浮的小圆点，将光标移到导线交叉处，单击鼠标左键即可放下一个节点，单击鼠标右键退出放置状态，如图2-35所示。

当两条导线呈"T"相交时，系统将会自动放入节点，但对于呈"十"字交叉的导线，一般需要采用手动放置。具体如图2-35a~d所示。

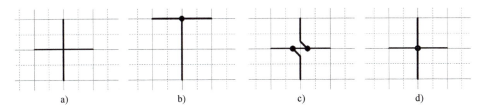

图2-35　交叉线的连接
a）未连接的十字交叉　b）T字交叉　c）十字交叉自动连接　d）放置节点的十字交叉

完成连线后的单管放大电路如图2-36所示。

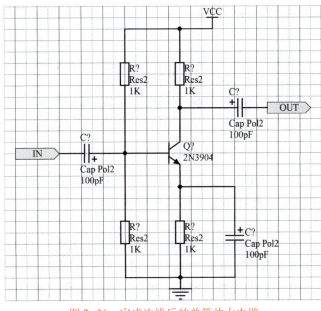

图2-36　完成连线后的单管放大电路

2.3.8 元器件属性调整

从元器件浏览器中放置到工作区的元器件都尚未定义元器件标号、标称值等属性，因此必须逐个设置元器件参数。

2.3.8 元器件属性调整

1. 元器件标号自动注释

在图2-36中，所有的元器件均没有设置标号，元器件的标号可以逐个设置，也可以自动标注。自动标注通过执行菜单"工具"→"注释"命令实现，弹出如图2-37所示的"注释"对话框。

图2-37 "注释"对话框

图中"处理顺序"区的下拉列表框中有4种自动注释方式供选择，如图2-38所示，本例中选择"Down Then Across"的注释方式。

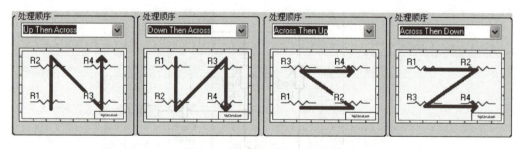

图2-38 自动注释的4种顺序

选择自动注释的顺序后，用户还需选择要自动注释的原理图，在图2-37的"原理图纸注释"区的"原理图图纸"栏选中要注释的原理图，本例中只有一个原理图，系统自动选定。

"建议变化表"区显示所有需要标注的带问号的元器件标号，单击"更新变化表"按钮，弹出对话框提示更新的数量，单击"OK"按钮，系统自动进行注释，并将结果显示在建议值的"标识符"栏中，自动注释完成后，单击"接受变化（建立ECO）"按钮进行注释确认，弹出"工程变化订单（ECO）"对话框，如图2-39所示，图中显示改动的情况。

单击"执行变化"按钮，系统自动对注释状态进行检查，检查完成后，单击"关闭"按钮，系统退回图 2-37 的"注释"对话框，单击"关闭"按钮完成自动注释，结果如图 2-40 所示。

图 2-39 "工程变化订单（ECO）"对话框

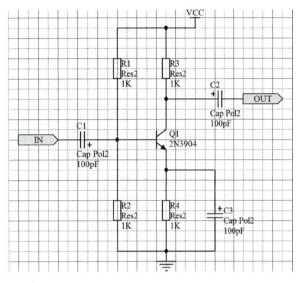

图 2-40 自动注释后的电路图

2. 设置元器件属性

从图 2-40 中可以看出，元器件除了标号已经设置外，其他参数还未进行调整。本例中晶体管的标号系统默认为 Q?，自动注释后标号为 Q1，为保持与国标一致，应将其改为 V1。

在放置元器件状态时，按键盘上的〈Tab〉键，或者在元器件放置好后双击该元器件，弹出"元件属性"对话框，如图 2-41 所示为电阻 RES2 的"元件属性"对话框，图中主要设置如下。

图 2-41 电阻的"元件属性"对话框

"标识符"栏用于设置元器件的标号，同一个电路中的元器件标号不能重复。

"注释"栏用于设置元器件的型号或标称值，对于电阻、电容等元器件，该栏与"Value"栏中的意义相同，用于设置元器件的标称值，单击其后的按钮，在下拉列表框中选中参数"=Value"，即与"Value"栏中的设置相同。

"Parameters"区中的"Value"栏用于设置元器件的标称值,可在其后输入元器件的标称值,若要显示标称值,则要选中该栏前的"可视"复选框。

"Models"区中的"Footprint"栏用于设置元器件封装(即 PCB 中的元器件),单击右边的下拉箭头可以选择已经设定标号的元器件封装。

双击元器件的标号、标称值等,会弹出相应的对话框,也可以修改对应的属性。

例如设置一个电阻的属性,其标号为 R1、阻值为 10K,则参数依次设置为"标识符"栏为 R1;"注释"栏设置"=Value",取消"可视";"Value"栏为 10K,选中"可视"。

参考图 2-15 设置元器件的标称值,设置后的电路如图 2-42 所示。

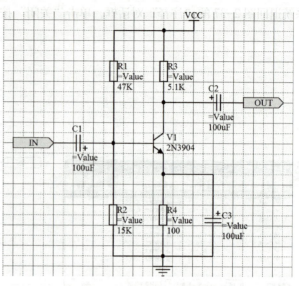

图 2-42 设置标称值后的电路图

3. 利用全局修改功能设置元器件属性

图 2-42 中,电阻和电容等的注释"=Value"在图上是多余的,需要将其隐藏,如果逐个修改,将耗费大量的时间。Protel DXP 2004 SP2 提供有全局修改功能,下面介绍其用法。

用鼠标右键单击注释"=Value",弹出图 2-43 所示的快捷菜单,选择"查找相似对象"命令,弹出"查找相似对象"对话框,如图 2-44 所示。

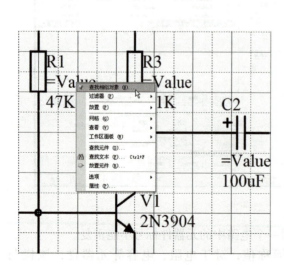

图 2-43 快捷菜单

图 2-44 "查找相似对象"对话框

在"Object Specific"区的"Value"显示为"= Value",单击其后的 按钮,选择"Same",然后选中"选择匹配"复选框。设置完成后,单击"确认"按钮,弹出"元器件属性统一设置"对话框,如图 2-45 所示,可以看到图中所有电阻的注释"= Value"都被选中,并高亮显示。

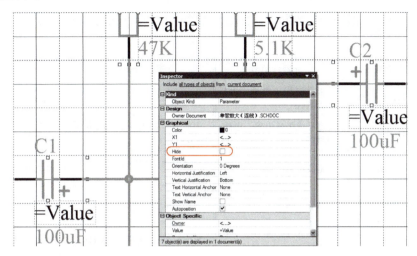

图 2-45　全局修改隐藏注释

在图 2-45 的"Graphical"区选中"Hide"复选框,选中该项隐藏元器件的注释。此时整个原理图都是灰色显示,在编辑区单击鼠标右键,在弹出的菜单中执行"过滤器"→"清除过滤器"命令,原理图恢复正常显示。

隐藏注释后,适当调整元器件标号和标称值的位置。

4. 多功能单元元器件属性调整

如果某个元器件由多个功能单元器件组成(如 1 个 SN74ALS00AN 中包含有 4 个与非门),在进行元器件属性设置时要按实际元器件中的功能单元数合理设置元器件标号。

如某电路使用了 3 个与非门,则定义元器件标号时应将 3 个与非门的标号分别设置为 U1A、U1B、U1C,即这 3 个与非门同属于 U1,在 PCB 设计时只需调用 1 个元器件封装;若 3 个与非门的标号分别设置为 U1A、U2A、U3A,则在 PCB 设计时将调用 3 个元器件封装,这样造成浪费。

设置多功能单元元器件时,可双击元器件,弹出"属性"对话框,如图 2-46 所示,其中"标识符"设置元器件标号,如 U1;">"按钮选择第几套功能单元,具体显示在后面的"Part2/4"中,其中"4"表示共有 4 个功能单元,"2"表示当前选择第 2 套,即元器件标号显示为 U1B。

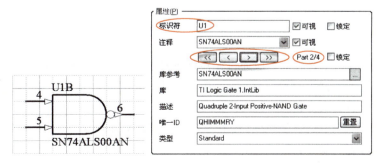

图 2-46　多功能单元元器件设置

2.3.9 元器件封装设置

2.3.9 元器件封装设置

Protel DXP 2004 SP2 中元器件的封装已经集成在元器件中，对于初学者只要在其中选择即可，对于比较熟练的设计者则可以自行设置元器件的封装形式，常用元器件的封装形式如表 2-4 所示。

表 2-4 常用元器件的封装形式

元器件封装型号	元器件类型	元器件封装型号	元器件类型
AXIAL-0.3～AXIAL-1.0	通孔电阻、电感等无极性元器件	VR1～VR5	可变电阻器
RAD-0.1～RAD-0.4	通孔无极性电容、电感、跳线等	IDC*、HDR*、MHDR*、DSUB*	接插件、连接头等
CAPPR*-*x*、RB.*/.*	通孔电解电容等	POWER*、SIP*、HEADER*X	电源连接头
DIODE-0.4～DIODE-0.7	通孔二极管	*-0402～*-7257	贴片电阻、电容、二极管等
TO-*、BCY-*/*	通孔晶体管、FET 与 UJT	SO-*/*、SOT23、SOT89	贴片晶体管
DIP-4～DIP-64	双列直插式集成块	SO-*、SOJ-*、SOL-*	贴片双排元器件
SIP2～SIP20、HEADER*	单列封装的元器件或连接头		

在原理图设计中，有时元器件自带的封装不符合当前设计的需求，必须更改元器件的封装，此时可以在图 2-41 的"元件属性"对话框的"Models"区通过"追加"按钮进行追加，下面以追加晶体管 2N3904 的封装为例进行介绍。

如图 2-47 所示，系统默认晶体管 2N3904 的封装形式为 BCY-W3/E4，其焊盘编号顺序为 1、2、3，而实际晶体管的焊盘编号顺序改为 1、3、2，使用封装 TO92-132。

图 2-47 2N3904 封装设置

1. 直接设置元器件封装

在改变封装前，应通过元器件查找方式将该封装所在的元器件库设置为当前库，否则追加元器件封装 TO92-132 后，在"Models"区的"描述"栏中会显示"Footprint not found"提示封装未找到。

本例中封装 TO92-132 在 ST Power Mgt Voltage Regulator.IntLib 库中，追加封装前将该库设置为当前库。

单击图 2-47 中的"追加"按钮，弹出"加新的模型"对话框，选择 Footprint 后单击

"确认"按钮,弹出如图2-48所示的"PCB模型"对话框,在其中的"名称"栏中输入TO92-132,"PCB库"区选择"任意"单选按钮,此时对话框中将显示封装的详细信息和封装的图形,确认无误后,单击"确认"按钮完成设置。

设置后的封装信息如图2-49所示,此时"Models"区中有两种封装供选择,选中TO92-132,单击"确认"按钮完成设置,这样该元器件的两封装形式改为TO92-132。

图2-48 追加TO92-132封装　　　　　图2-49 选择封装TO92-132

2. 通过查找元器件封装方式添加封装

在设计中如果不知道封装在哪个元器件库中,则可以通过浏览并查找元器件封装的方式进行设置。

单击图2-48中的"浏览(B)"按钮,弹出如图2-50所示的"库浏览"对话框,单击"查找"按钮,弹出如图2-51所示的"元件库查找"对话框,在查找区输入"TO92"(由于系统不允许查找时出现字符"-",故查找的关键词不能设置为TO92-132),选中"路径中的库"复选框,单击"查找"按钮进行封装查找。

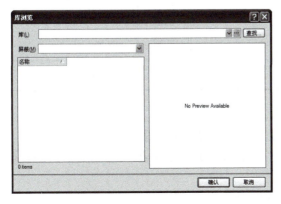

图2-50 "库浏览"对话框　　　　　图2-51 "元件库查找"对话框

系统将所有含有"TO92"的封装全部搜索出来，在其中选择TO92-132进行设置。

找到封装后，系统将显示找到的封装名和封装图形，如图2-52所示，在其中可以查看封装图形是否符合要求。

选中封装后单击"确认"按钮，系统弹出一个对话框提示是否将该库设置为当前库，单击"Yes"按钮将该库设置为当前库，系统返回"PCB模型"对话框，单击"确认"按钮完成封装设置。

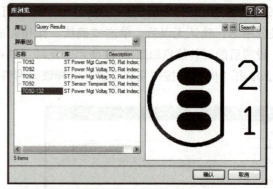

图2-52 元器件封装查找结果

> **经验之谈**
>
> 在进行元器件搜索时文本输入不允许出现系统参数及与"/、\、="等字符相结合的文本。

2.3.10 绘制电路波形

在原理图中有时需要放置一些波形示意图，而这些图形均不具有电气特性，要使用"实用"工具栏中的"描画工具"中的相关按钮或执行菜单"放置"→"描画工具"命令下的相关子菜单完成，它们属于非电气绘图。

2.3.10 绘制电路波形

"实用"工具栏可执行菜单"查看"→"工具栏"→"实用工具"命令打开。"描画"工具栏按钮功能如表2-5所示。

表2-5 "描画"工具栏按钮功能

按钮	功能	按钮	功能	按钮	功能
	画直线		画多边形		画椭圆弧线
	画贝塞尔曲线		放置说明文字		放置文本框
	画矩形		画圆角矩形		画椭圆
	画饼图		放置图片		设定粘贴队列

1. 绘制正弦曲线

下面以绘制正弦曲线为例来说明此工具栏的应用，绘制过程如图2-53所示。

1) 执行菜单"放置"→"描画工具"→"贝塞尔曲线"命令或单击"描画"工具按钮，进入画贝塞尔曲线状态。

2) 将鼠标移到指定位置，单击定下曲线的第1点。

3) 移动光标到图示的2处，单击定下第2点，即曲线正半周的顶点。

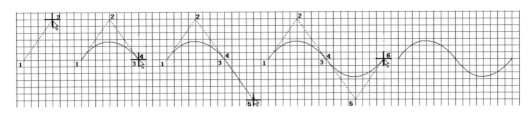

图 2-53 绘制正弦曲线示意图

4)移动光标,此时已生成了一个弧线,将光标移到图示的 3 处,单击定下第 3 点,从而绘制出正弦曲线的正半周。

5)在 3 处再次单击定义第 4 点,以此作为负半周曲线的起点。

6)移动光标,在图示的 5 处单击定下第 5 点,即曲线负半周的顶点。

7)移动光标,在图示的 6 处单击,定下第 6 点,完成整条曲线的绘制,此时光标仍处于绘制曲线的状态,可继续绘制,右击退出画曲线状态。

2. 绘制坐标

图 2-15 中除了绘制正弦波形外,还要绘制坐标轴,绘制坐标轴通过"直线"按钮进行,为了画好箭头,必须将捕获网格尺寸减小,一般设置为 1。

由于系统默认的直线转弯模式为 90°,故在绘制直线过程中按键盘上的〈Shift+Space〉键将直线的转弯模式设置为任意转角。

放置直线后,双击直线可以修改该直线的属性,主要有线宽、颜色和线风格,线宽有 4 种选择;线风格有 3 种选择,分别为 Solid(实线)、Dashed(虚线)和 Dotted(点线)。

> **经验之谈**
>
> "描画"工具栏放置的是不具备电气连接的工具,一般用于绘制说明性的图形,如图 2-15 中的波形图;而"配线"工具栏放置的是包含电气信息的电路元素,表示电气连接的属性,如图 2-15 中的电路连线。

2.3.11 放置文字说明

在电路中,有时需要加入一些文字来说明电路原理,可以通过放置说明文字的方式实现。

1. 放置文本字符串

执行菜单"放置"→"文本字符串"命令或单击 A 按钮,将光标移动到工作区,光标上附着一个文本字符串(一般为前一次放置的字符串),按下键盘上的〈Tab〉键,弹出"注释"对话框,如图 2-54 所示。在"文本"栏中填入需要放置的文字(最大为 255 个字符);在"字体"栏中,单击"变更"按钮,可改变文本的字体、字型和字号,单击"确认"按钮完成设置。将光标移到需要放置说明文字的位置,单击放置文字,右击退出放置状态。

若字符串已经放置好,双击该字符串也可以弹出"注释"对话框。

图 2-23 中,坐标轴中的文字就是通过放置文本字符串的方式实现的。

2. 放置文本框

由于文本字符串只能放置一行,当所用文字较多时,可以采用放置文本框的方式解决。

执行菜单"放置"→"文本框"命令或单击按钮,进入放置文本框状态,将光标移动到工作区,光标上附着一个文本框,按下键盘上的〈Tab〉键,弹出如图 2-55 所示的"文本框"对话框,单击"文本"右边的"变更"按钮,弹出文本编辑区,在其中输入文字(最多可输入 32 000 个字符),完成输入后,单击"确认"按钮退出,将光标移动到适当的位置,单击定义文本框的起点,移动光标到所需位置,设置文本框大小后再次单击定义文本框尺寸并放置文本框,右击退出放置状态。

图 2-54 "注释"对话框　　　　　图 2-55 "文本框"对话框

若文本框已经放置好,双击该文本框也可以弹出"文本框"对话框进行设置。

图 2-15 中放置的电路说明文字就是通过放置"文本框"实现的。

2.3.12　设计自定义标题栏

Protel DXP 2004 SP2 提供了两种预先设定好的标题栏,分别是 Standard 和 ANSI 形式,在"图纸明细表"后的下拉列表框中可以选择,但该标题栏的格式是固定的,无法自行修改。

2.3.12　设计自定义标题栏

在原理图设计中,有时需要个性化的标题栏,可以采用自定义标题栏的方式进行。

本例中,自定义标题栏位于图纸的右下方。效果如图 2-56 所示,标题栏为 220×60 的长方形,行间距 10。

公司	福建信息职业技术学院		
地址	福州市鼓楼区福飞路106号		
文档名	单管放大电路	版本	1.0
文档编号	1	文档总数	1
设计者	CKH	设计时间	2023/9/20
校验者	GY	校验时间	2023/10/5

图 2-56　自定义标题栏效果图

1. 去除系统默认标题栏

执行菜单"设计"→"文档选项"命令,弹出"文档选项"对话框,选中"图纸选项"选项卡,取消选中"图纸明细表"复选框,图纸上将不显示系统默认标题栏。

2. 绘制标题栏边框

执行菜单"放置"→"描画工具"→"直线"命令进入画线状态，在标题栏的起始位置单击定义直线的起点，移动光标，光标上将拖着一根直线，移至终点位置单击放置直线，继续移动光标可继续放置直线，右击结束本次连线，可以继续定义下一条直线，双击鼠标右键则退出连线状态。边框绘制完毕的标题栏如图2-57所示。

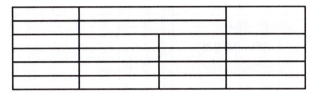

图2-57 定义标题栏边框

3. 放置 logo

执行菜单"放置"→"描画工具"→"图形"命令，在弹出的对话框中选中所需的企业logo，并放置在适当位置，如图2-58所示。

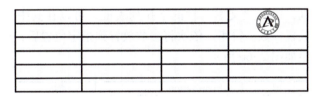

图2-58 放置 logo

4. 放置信息项字符串

标题栏绘制完毕，可以在其中添加说明该电路设计情况所需的信息项字符串。

执行菜单"放置"→"文本字符串"命令，光标上附着一个字符串，按下〈Tab〉键，弹出设置字符串对话框，在"文本"栏中输入相应内容（如"设计单位"）后单击"确认"按钮，移动光标到所需位置，单击放置字符串，右击结束放置。放置完毕的标题栏如图2-59所示。

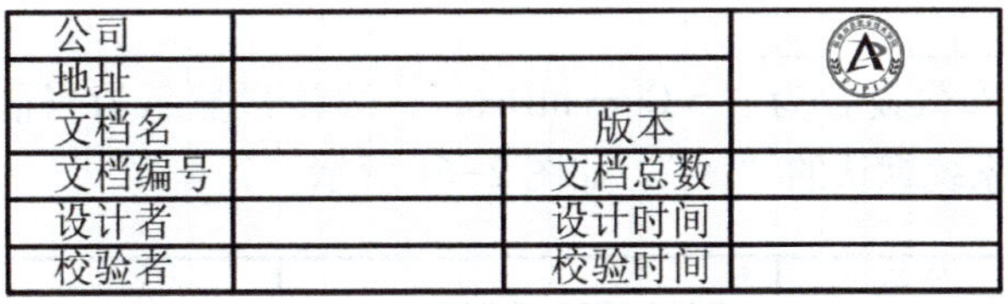

公司			
地址			
文档名		版本	
文档编号		文档总数	
设计者		设计时间	
校验者		校验时间	

图2-59 放置信息项字符串

5. 放置标题栏参数字符串

设定好标题栏重要的信息项后，可在其后设置对应的标题栏参数，以便显示相应信息。标题栏主要参数功能如表2-6所示。

表 2-6　标题栏主要参数功能

参数名称	功　能	参数名称	功　能
Address1~4	设置单位地址	DrawnBy	设置绘图人姓名
ApprovedBy	设置批准人姓名	Engineer	设置工程师姓名
Author	设置设计者姓名	ModifiedData	设置修改日期
CheckedBy	设置审校人姓名	Organization	设置设计机构名称
CompanyName	设置公司名称	Revision	设置版本号
CurrentDate	系统默认当前日期	Rule	设置信息规则
CurrentTime	系统默认当前时间	SheetNumber	设置原理图编号
Date	设置日期	SheetTotal	设置项目中原理图总数
DocumentFullPathAndName	系统默认文件名及保存路径	Time	设置时间
DocumentName	系统默认文件名	Title	设置原理图标题
DocumentNumber	设置文件数量或编号		

执行菜单"放置"→"文本字符串"命令，光标上附着一个字符串，按下〈Tab〉键，弹出字符串属性对话框，单击"文本"栏的下拉列表框，可以在其中选择所需的参数，移动到适当位置后单击放置参数字符串。依次将参数放置到指定位置后，即可完成标题栏参数设置。完成后的标题栏如图 2-60 所示。

图 2-60　定义参数后的标题栏

6. 设置显示参数信息

执行菜单"工具"→"原理图优先设定"命令，弹出"优先设定"对话框，选中"Graphical Editing"选项卡，选中"转换特殊字符串"复选框，单击"确认"按钮完成设置。

由于校验时间的参数设置为"=CurrentDate"，故该栏显示为当前日期"2023/10/5"，其他参数位置均显示系统默认的"*"，如图 2-61 所示。

图 2-61　标题栏参数值显示

7. 设置参数内容

在工作窗口中单击鼠标右键，在弹出的菜单中选择"选项"→"图纸"命令，弹出"文档选项"对话框，选择"参数"选项卡，单击对应名称处的"数值"框，输入需修改的信息后完成设置，本例中参数内容如下。

```
Organization：福建信息职业技术学院     Address1：福州市鼓楼区福飞路 106 号
Title：单管放大电路                    Revision：1.0
SheetNumber：1                        SheetTotal：1
DrawnBy：CKH                          Date：2023/9/20
CheckedBy：GY                         CurrentDate：本项系统默认，无须输入
```

以上设定结束，单击"确认"按钮，标题栏中将显示已设置好的参数内容，此时可以微调字符串的位置，提高美观度，设计结束的自定义标题栏如图 2-56 所示。

至此单管放大电路设计完毕。

2.3.13 文件的存盘与系统退出

1. 保存文件

执行菜单"文件"→"保存"命令或单击主工具栏上的 ■ 按钮，可自动按原文件名保存，同时覆盖原先的文件。

在保存文件时如果不希望覆盖原文件，可以采用另存的方法，执行菜单"文件"→"另存为"命令，在弹出的对话框中输入新的存盘文件名后单击"保存"按钮即可。

2. 退出当前编辑

若要退出当前原理图编辑状态，可执行菜单"文件"→"关闭"命令，若文件已修改但未保存过，则系统会提示是否保存。

3. 关闭项目文件

若要关闭项目文件，可右击项目文件名，在弹出的菜单中选择"Close Project"命令，关闭项目文件，若项目中的文件未保存过，弹出确认选择保存文件对话框，如图 2-62 所示，在其中可以设置是否保存文件，设置完毕单击"确认"按钮完成操作，系统退回原理图设计主窗口。

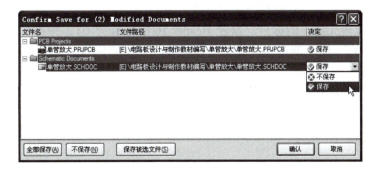

图 2-62 选择保存设计文件

4. 关闭原理图编辑器

若要退出 Protel DXP 2004 SP2，可执行菜单"文件"→"退出"命令，若文件未保存，

系统弹出图 2-62 所示的对话框提示选择要保存的文件。

任务 2.4　总线形式接口电路设计

2.4　总线形式接口电路设计

所谓总线，就是一条代表数条并行导线的线。总线本身没有实质的电气连接意义，电气连接的关系要依靠网络标号来定义。利用总线和网络标号进行元器件之间的电气连接不仅可以减少图中的导线，简化原理图，而且清晰直观。

使用总线来代替一组导线，需要与总线入口相配合，总线与一般导线的性质不同，必须由总线接出的各个单一入口导线上的网络标号来完成电气意义上的连接，具有相同网络标号的导线在电气上是相连的。

下面以设计如图 2-63 所示的接口电路为例介绍设计方法。

1) 建立文件。在 Protel DXP 2004 SP2 主窗口下，执行菜单"文件"→"创建"→"项目"→"PCB 项目"命令，新建"接口电路"项目文件；执行菜单"文件"→"创建"→"原理图"命令，新建"接口电路"原理图文件并保存。

2) 设置元器件库。本例中 DM74LS373N 位于 NSC Logic Latch. IntLib 库中，16 脚接插件 Header 16 位于 Miscellaneous Connectors. IntLib 库中，将上述元器件库设置为当前库。

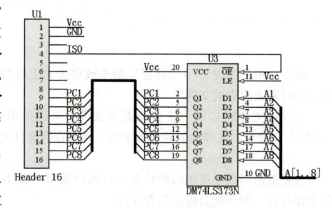

图 2-63　接口电路

3) 放置元器件。执行菜单"放置"→"元件"命令，在工作区放置 DM74LS373N 和 16 脚接插件 Header 16 各一个。

4) 元器件布局与属性设置。执行菜单"编辑"→"移动"→"移动"命令，参考图 2-63 进行元器件布局，将元器件移动到合适的位置。

双击元器件设置元器件的标号，设置 Header 16 的标号为 U1，并在"图形"区，勾选方向为"被镜像的"使元器件水平翻转；DM74LS373N 的标号分别为 U3，将 U3 设置为"被镜像的"。

5) 执行菜单"文件"→"保存"命令，保存当前文件，此后使用总线和网络标号进行连线。

2.4.1　放置总线

1. 放置总线

在放置总线前，一般通过工具栏上 按钮先绘制元器件引脚的引出线，然后再绘制总线。

执行菜单"放置"→"总线"命令或单击工具栏上 按钮，进入放置总线状态，将光标移至合适的位置,单击定义总线起点,将光标移至另一位置,单击定义总线的下一点,如图 2-64 所示。连线完毕,双击鼠标的右键退出放置状态。一般总线与引脚引出线之间间隔 10,以便放置总线入口。

在连线状态时,按键盘上的〈Tab〉键,弹出"总线属性"对话框,可以修改线宽和颜色。

2. 放置总线入口

元器件引脚的引出线与总线的连接通过总线入口实现,总线入口是一条倾斜的短线段。

执行菜单"放置"→"总线入口"命令,或单击工具栏上 按钮,进入放置总线入口的状态,此时光标上带着悬浮的总线入口线,将光标移至总线和引脚引出线之间,按〈Space〉键变换总线入口倾斜角度,单击放置总线分支线,如图 2-65 所示,右击退出放置状态。

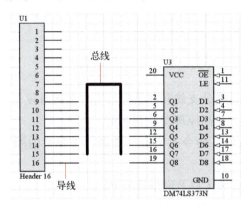

图 2-64 放置总线

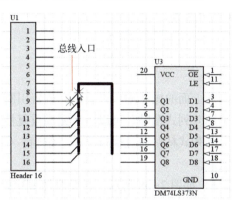

图 2-65 放置总线入口

2.4.2 放置网络标号

网络标号通过执行菜单"放置"→"网络标签"命令或单击工具栏上 按钮实现,系统进入放置网络标号状态,光标上附着一个默认网络标号"Netlabel1",按键盘上的〈Tab〉键,弹出图 2-66 所示的"网络标签"对话框,可以修改网络标号名、标号方向等,图中将网络标号改为 PC1,将网络标号移动至需要放置的导线上方,当网络标号和导线相连处光标上的"×"变为红色时,表明与该导线建立电气连接,单击放置网络标号,如图 2-67 所示。

图 2-66 "网络标签"对话框

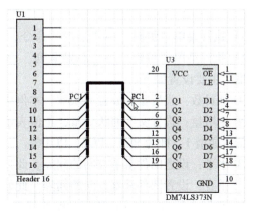

图 2-67 放置网络标号

图 2-67 中，U1 的 9 脚和 U3 的 2 脚均放置了网络标号 PC1，在电气特性上它们是相连的。

图 2-63 中有两种类型网络标号，一类是在引脚上的，如 A1，另一类是在总线上的，如 A[1..8]。在总线上的网络标号称为总线网络标号，它的基本格式为"*[N1..N2]"，其中"*"为该类网络标号中的共同字符，如 A1~A8 中共同字符为 A，N1 为该类网络标号的起始数字，如 1，N2 为该类网络标号的最终数字，如 8，故其总线网络标号为 A[1..8]。

> **经验之谈**
>
> 网络标号和文本字符串是不同的，前者具有电气连接功能，后者只是说明文字，不能混淆使用。

2.4.3 阵列式粘贴

从上面的操作中可以看出，放置引脚引出线、总线分支线和网络标号需要多次重复，如果采用阵列式粘贴，可以一次完成重复性操作，大大提高原理图绘制速度。

阵列式粘贴通过执行菜单"编辑"→"粘贴队列"命令或单击"描画"工具栏的按钮实现。

1）如图 2-68 所示，在元器件 U3 放置连线、总线入口及网络标号 PC1。

2）如图 2-69 所示，用鼠标拉框选中要复制的连线和网络标号。

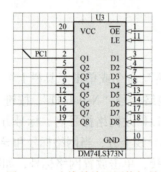

图 2-68 连线并放置网络标号

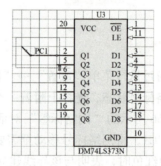

图 2-69 选中要复制的对象

3）执行菜单"编辑"→"复制"命令，复制要粘贴的内容。

4）执行菜单"编辑"→"粘贴队列"命令，弹出如图 2-70 所示的"设定粘贴队列"对话框，主要设置如下：

① 项目数：设置重复放置的次数，本例中要再放置 7 次，故此处设置为 7。

② 主增量：设置文字的跃变量，正值表示递增，负值表示递减。此处设置为 1，即网络标号依次递增 1，即为 PC2、PC3、PC4 等。

③ 水平：设置图件水平方向的间隔。此处水平方向不移动，故设置为 0。

④ 垂直：设置图件垂直方向的间隔。此处由于从上而下放置，故设置为-10。

5）设置参数后，将光标移至粘贴的起点，单击完成粘贴，如图 2-71 所示。

采用相同的方法绘制其他电路，完成电路设计。

项目 2 原理图标准化设计

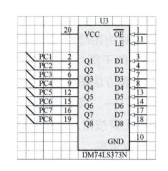

图 2-70 "设定粘贴阵列"对话框　　　图 2-71 阵列式粘贴后的电路

任务 2.5　有源功率放大器层次电路图设计

当电路图比较复杂时，用一张原理图来绘制整个电路显得比较困难，此时可以采用层次型电路来进行简化，层次型电路将一个庞大的电路原理图分成若干个子电路，通过主图连接各个子电路，这样可以使电路图变得更简洁。层次电路图按照电路的功能区分，主图相当于框图，子图模块代表某个特定的功能电路。

如图 2-72 所示，层次电路图的结构与操作系统的文件目录结构相似，选择工作区面板的"Projects"选项卡可以观察到层次图的结构，图中所示为"有源功放"的层次电路结构图，在一个项目中，处于最上方的为主图，一个项目只有一个主图，在主图下方所有

图 2-72 层次电路图的结构

的电路图均为子图，图中有 5 个子图，单击文件名前面的⊞或⊟可以打开或关闭子图结构。

2.5.1　功放层次电路主图设计

在层次式电路中，通常主图是由若干个方块图组成，它们之间的电气连接通过 I/O 端口、连线和网络标号实现。

下面以图 2-73 所示的有源功放主图为例，介绍主图设计方法。

在 Protel DXP 2004 SP2 主窗口下，执行菜单"文件"→"创建"→"项目"→"PCB项目"命令，创建"有源功放"项目文件；执行菜单"文件"→"创建"→"原理图"命令，创建"有源功放"主图原理图文件并保存。

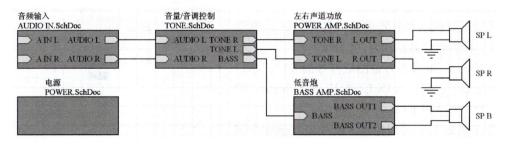

图 2-73　有源功放主图

1. 放置电路方块图

电路方块图，也称为图纸符号（子图符号），是层次电路图中的主要组件，它对应着一个具体的内层电路，即子图。图2-73所示的有源功放主图由5个电路方块图组成。

执行菜单"放置"→"图纸符号"命令，或单击"配线"工具栏上 按钮，光标上附着一个悬浮的子图符号，按键盘上的〈Tab〉键，弹出"图纸符号"属性对话框，如图2-74所示。在"标识符"栏中填入子图符号名，如"音频输入"，在"文件名"栏中填入子图文件的名称（含扩展名），如"AUDIO IN.SchDoc"，设置完毕单击"确认"按钮，关闭对话框。将光标移至合适的位置后，单击定义方块的起点，移动光标，改变其大小，大小合适后，再次单击放下图纸符号。放置图纸符号过程图如图2-75所示。

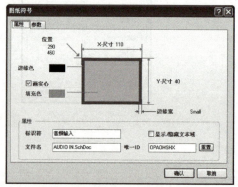

图2-74 "图纸符号"对话框

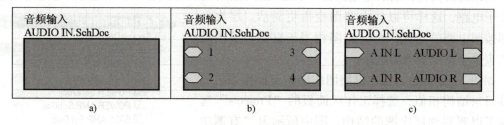

图2-75 放置图纸符号过程图
a) 放置子图符号　b) 放置图纸符号的I/O端口　c) 设置好的图纸符号

2. 放置图纸符号的I/O接口

执行菜单"放置"→"加图纸入口"命令，或单击"配线"工具栏上 按钮，将光标移至图纸符号内部，在其边界上单击，此时光标上出现一个悬浮的I/O端口，该I/O端口被限制在图纸符号的边界上，光标移至合适位置后，再次单击放置I/O端口，此时可以继续放置I/O端口，右击退出放置状态。

双击I/O端口，弹出如图2-76所示的图纸符号端口属性对话框，其中："名称"栏设置端口名；"位置"栏设置图纸符号I/O端口的上下位置，以左上角为原点，数值（如10）表示下移10；"I/O类型"栏设置端口的电气特性，共有4种类型，分别为Unspecified（未指明或不指定）、Output（输出端口）、Input（输入端口）、Bidirectional（双向型），根据实际情况选择端口的电气特性。

若要放置低电平有效的端口名，如$\overline{CE}$，则将"名称"栏的端口名设置为"C\E\"。

参考图2-76设置好各图纸符号的端口，端口I/O类型如下：端口A IN L、A IN R为Input；端口AUDIO L、AUDIO R为Output。

参考图2-73，按同样的方法放置其他4个图纸符号。

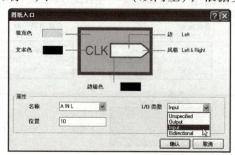

图2-76 "图纸入口"对话框

3. 连接图纸符号

图 2-73 中，连路的连接通过执行菜单"放置"→"导线"进行，扬声器的元器件名为"Speaker"。

如果图纸符号中存在总线，则执行菜单"放置"→"总线"命令，连接图纸符号中的总线端口。

4. 由图纸符号生成子图文件

执行菜单"设计"→"根据符号创建图纸"命令，将光标移到图纸符号上，单击鼠标，弹出"I/O 端口特性转换"对话框，如图 2-77 所示。单击"Yes"按钮，生成的电路图中的 I/O 端口的输入输出特性将与图纸符号 I/O 端口的特性相反；选择"No"，则生成的电路图中的 I/O 端口的输入/输出特性将与图纸符号 I/O 端口的特性相同，一般选择"No"。

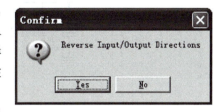

图 2-77 "I/O 端口特性转换"对话框

此时 Protel DXP 2004 SP2 自动生成一张新电路图，电路图的文件名与图纸符号中的文件名相同，同时在新电路图中，已自动生成对应的 I/O 端口。

本例中依次在 5 个图纸符号上创建图纸，分别生成子电路图 AUDIO IN.SchDoc、TONE.SchDoc、POWER AMP.SchDoc、BASS AMP.SchDoc 及 POWER.SchDoc，系统在电路图中自动生成对应的 I/O 端口。

5. 层次电路的切换

在层次电路设计中，有时要在各层电路图之间相互切换，切换的方法主要有两种。

1）利用工作区面板，单击所需文档，便可在右边工作区中显示该电路图。

2）执行菜单"工具"→"改变设计层次"命令或单击主工具栏上 按钮，将光标移至需要切换的图纸符号上，单击，即可将上层电路切换至下一层的图纸；若是从下层电路切换至上层电路，则是将光标移至下层电路的 I/O 端口上，单击进行切换。

2.5.2 层次电路子图设计

2.5.2 层次电路子图设计

下面以图 2-78 所示的子图 BASS AMP.SchDoc 为例介绍层次电路子图的绘制方法，子图绘制与普通原理图绘制方法相同。

1）载入元器件库。本例中的分立元器件在 Miscellaneous Devices.IntLib 库中，接插件在 Miscellaneous Connectors.IntLib 库中，集成电路为自行设计的元器件，将上述元器件库均设置为当前库。

2）参考图 2-78 放置元器件并进行布局调整。

3）执行菜单"放置"→"导线"命令，连接电路。

4）移动子图中已有的端口并进行连接。

5）调整元器件标号和标称值到合适的位置。

6）保存电路。

7）采用相同方法依次绘制其他子图电路，最后保存项目文件。

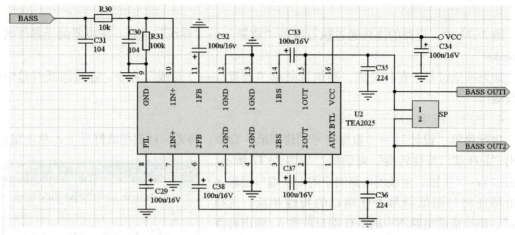

图 2-78 子图 BASS AMP. SchDoc

2.5.3 设置图纸标题栏信息

2.5.3 设置图纸标题栏信息

主图和子图绘制完毕，一般要添加图纸信息，设置好原理图的编号和原理图总数。下面以设置主图的图纸信息为例进行说明，主图原理图编号为 1，项目原理图总数为 6。

标题栏位于工作区的右下角，主图标题栏信息如图 2-79 所示。

标题栏中设置的主要参数有：Title（标题）、Document Number（文档编号）、Revision（版本）、SheetNumber（原理图编号）、SheetTotal（原理图总数）及 DrawnBy（绘图者）。

Title	有源功放主图		
Size	Number		Revision
A4	2023-01		1.0
Date:	2023/10/5	Sheet 1 of 6	
File:	D:\教材\..\有源功放.SCHDOC	Drawn By:	CKH

图 2-79 设计好的主图标题栏信息

1. 放置标题栏参数字符串

执行菜单"放置"→"文本字符串"命令，光标上附着一个字符串，按键盘上的〈Tab〉键，弹出"注释"对话框，如图 2-80 所示，单击"文本"后的下拉列表框，在其中选择所需的参数，移动到指定位置后单击放置参数字符串。

本例中在 Title 后设置参数"=Title"，在 Number 后设置参数"=Document Number"，在 Revision 后设置参数"=Revision"，在 Sheet 后设置参数"=SheetNumber"，在 of 后设置参数"=SheetTotal"，在 Drawn By 后设置参数"=DrawnBy"，如图 2-81 所示。

图 2-80 设置参数字符

项目 2　原理图标准化设计

Title	=Title			
Size A4	Number =DocumentNumber		Revision	=Revision
Date:	2023/10/5	Sheet	=SheetNumber	=SheetTotal
File:	D:\教材\..\有源功放.SCHDOC	Drawn By:	=DrawnBy	

图 2-81　设置标题栏参数

说明：图中由于 SheetNumber 和 SheetTotal 参数字符较长，出现重叠，但不影响功能。图中的 Date 和 File 是由系统根据当前情况自动定义的。

2. 设置参数内容

在工作窗口中单击鼠标右键，在弹出的菜单中选择"选项"→"图纸"命令，弹出"文档选项"对话框，选择"参数"选项卡，设定相关参数值，如图 2-82 所示，系统默认的参数值为"*"，用鼠标左键单击对应参数名称处的"数值"框，输入需修改的信息后完成设置。

本例中具体参数值如下。

Title：有源功放主图
Document Number：2023-01
Revision：1.0
SheetNumber：1
SheetTotal：6
DrawnBy：CKH

图 2-82　"文档选项"对话框

3. 查看标题栏信息

参数位置和内容设置完毕，标题栏中显示的是当前定义的参数，无法直接显示已设定好的参数内容。

若要查看当前设置后的标题栏信息，可以执行菜单"工具"→"原理图优先设定"命令，弹出"优先设定"对话框，选中"Graphical Editing"选项卡的"转换特殊字符串"复选框，单击"确认"按钮完成设置。

以上设定结束，标题栏中将显示已设置好的参数值，未设参数值的则显示为系统默认的"*"。

采用同样方法设置其他 5 个子图电路的图纸参数并保存项目，至此层次电路设计完毕。

任务 2.6　原理图编译与网络表生成

2.6　原理图编译与网络表生成

原理图设计的最终目的是 PCB 设计，其正确性是 PCB 设计的前提，原理图设计完毕，必须对原理图进行电气检查，找出错误并进行修改。

电气检查通过原理图编译实现，对于项目文件中的原理图电气检查可以设置电气检查规则，而对于独立的原理图电气检查则不能设置电气检查规则，只能直接进行编译。

2.6.1 项目文件原理图电气检查

在进行项目文件原理图电气检查之前一般根据实际情况设置电气检查规则,以生成方便用户阅读的检查报告。

1. 设置检查规则

执行菜单"项目管理"→"项目管理选项"命令,打开"项目管理选项"对话框,单击"Error Reporting"选项卡设置违规选项,可以报告的错误项主要有以下几类。

- Violations Associated with Buses:与总线有关的规则。
- Violations Associated with Components:与元器件有关的规则。
- Violations Associated with Documents:与文档有关的规则。
- Violations Associated with Nets:与网络有关的规则。
- Violations Associated with Others:与其他有关的规则。
- Violations Associated with Parameters:与参数有关的规则。

每项都有多个条目,即具体的检查规则,在条目的右侧设置违反该规则时的报告模式,有"无报告""警告""错误"和"致命错误"4种。

电气检查规则各选项卡一般情况下选择默认设置。

本例中由于信号驱动问题主要用于电路仿真检查,与PCB设计无关,故去除有关驱动信号和驱动信号源的违规信息,可以将它们的报告模式设置为"无报告",如图2-83所示。

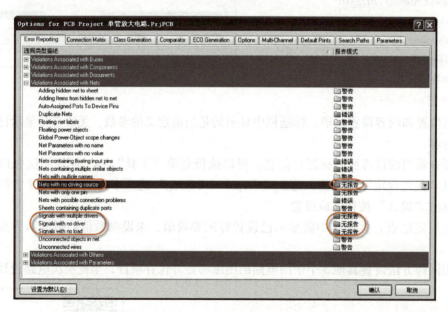

图2-83 电气规则检查设置

2. 通过原理图编译进行电气规则检查

在图2-84所示的原理图中特意设置3处错误,出错的内容是:有2个电容的标号都是C1,有1个未连接的接地符号。如图2-84所示。

执行菜单"项目管理"→"Compile PCB Project 单管放大.PrjPCB"命令,系统自动检查电路，并弹出"Messages"对话框，显示当前检查中的违规信息，如图 2-85 所示。

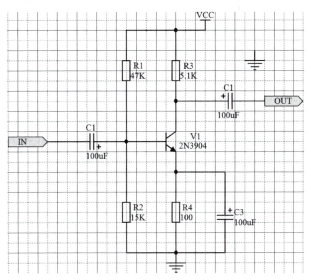

图 2-84　违规的电路

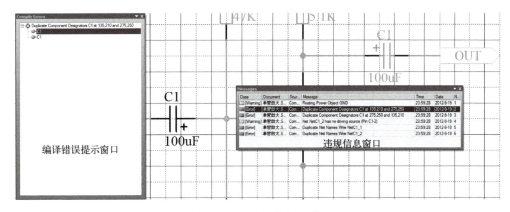

图 2-85　违规信息显示

单击图中某项违规信息，弹出编译错误窗口，显示违规元器件标号，同时将高亮显示违规处。

从图中可以获得违规元器件的坐标位置，这样可以迅速找到违规元器件并进行修改，修改电路后再次进行编译，直到编译无误为止。

本例中按照系统提示的错误信息修改电路图，将图 2-84 中 V1 集电极的电容 C1 标号改为 C2，删除多余的接地符号，然后再次进行电气检查，错误消失。

 经验之谈

在编译过程中，可能出现不显示"Messages"对话框的问题，可以执行菜单"查看"→"工作区面板"→"System"→"Messages"命令，打开"Messages"对话框。

2.6.2 生成网络表

网络表文件（*.Net）是一张电路图中全部元器件和电气连接关系的列表，它主要说明电路中的元器件信息和连线信息，是原理图与印制电路板的接口，也是电路板自动布线的灵魂。用户可以由原理图文件生成网络表，也可以由项目文件生成网络表。

1. 生成文档的网络表

执行菜单"设计"→"文档的网络表"→"Protel"命令，系统自动生成 Protel 格式的网络表，系统默认生成的网络表不显示，必须在工作区面板中打开网络表文件（*.NET）。

在网络表中，以"["和"]"将每个元器件单独归纳为一项，每项包括元器件名称、标称值和封装形式；以"("和")"把电气上相连的元器件引脚归纳为一项，并定义一个网络名。

下面是单管放大电路网络表的部分内容（其中"【】"中的内容是编者添加的说明文字）。

```
[                  【元器件描述开始符号】
R1                 【元器件标号(Designator)】
AXIAL-0.4          【元器件封装(Footprint)】
47k                【元器件型号或标称值(Part Type)】
                   【三个空行用于对元器件作进一步说明,可用可不用】
]                  【元器件描述结束符号】
...
(                  【一个网络的开始符号】
NetC1_1            【网络名称】
C1-1               【网络连接点:C1 的 1 脚】
R1-1               【网络连接点:R1 的 1 脚】
...
)                  【一个网络结束符号】
...
```

2. 生成设计项目的网络表

对于存在多个原理图的设计项目，如层次电路图，一般要采用生成设计项目网络表的方式产生网络表文件，这样才能保证网络表文件的完整性。

执行菜单"设计"→"设计项目的网络表"→"Protel"命令，系统自动生成 Protel 格式的网络表，在工作区面板中可以打开网络表文件（*.NET）。

任务 2.7 原理图及元器件清单输出

2.7.1 原理图输出

1. 打印预览

执行菜单"文件"→"打印预览"命令，弹出如图 2-86 所示的"打印预览"对话框，从图中可以观察打印的输出效果。

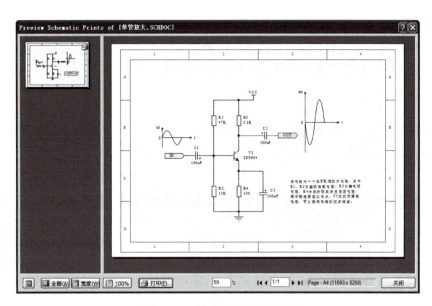

图 2-86 "打印预览"对话框

2. 打印输出

执行菜单"文件"→"打印"命令,或单击图 2-86 中的"打印"按钮,弹出如图 2-87 所示的"打印文件"对话框,可以进行打印设置,并打印输出原理图。

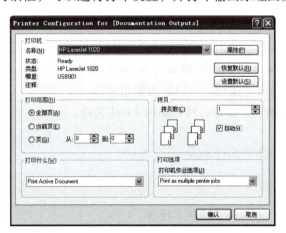

图 2-87 "打印文件"对话框

对话框中各项说明如下。

1)"打印机"区的"名称"下拉列表框:用于选择打印机。

2)"打印范围"区可选择打印输出的范围。

3)"拷贝"区设置打印的份数,一般要选中"自动分页"。

4)"打印什么"区用于设置要打印的文件,有 4 个选项,说明如下。

① Print All Valid Documents:打印整个项目中的所有图。

② Print Active Document:打印当前编辑区的全图。

③ Print Selection:打印编辑区中所选取的图。

④ Print Screen Region：打印当前屏幕上显示的部分。

5)"打印选项"区设置打印工作选项，一般采用默认。

所有设置完毕，单击"确认"按钮打印输出原理图。

2.7.2 生成元器件清单

一般电路设计完毕，需要生成一份元器件清单。

1)执行菜单"报告"→"Bill of Materials"命令，系统生成元器件清单，如图 2-88 所示。

图 2-88 单管放大电路元器件清单

图中"其他列"可以选择要输出的报表内容。图中给出了元器件的标号、标称值、描述、封装、库元器件名及数量等信息。

2)单击"报告"按钮，弹出"报告预览"对话框，可以打印报告文件，也可以将文件另存为电子表格形式（*.xls）、PDF 格式（*.pdf）等。

3)单击图中的"输出"按钮，可以导出输出文件。

4)单击图中的"Excel"按钮，可以输出 Excel 文件。

技能实训 2　单管放大电路原理图设计

1. 实训目的

1)掌握 Protel DXP 2004 SP2 的基本操作。

2)掌握原理图编辑器的基本操作。

3)学会设计简单的电路原理图。

2. 实训内容

1)启动 Protel DXP 2004 SP2。在"开始"菜单中，单击 DXP 2004 SP2 快捷方式图标 启动 Protel DXP 2004 SP2。

2)中英文界面切换。

① 在中文界面，执行菜单"DXP"→"优选设定"命令，在弹出对话框的"本地化"区中取消选中"使用本地化的资源"复选框，关闭并重新启动 Protel DXP 2004 SP2 后，系统恢复为英文界面。

② 在英文界面，执行菜单"DXP"→"Preferences"命令，在弹出对话框的"Localization"区中,选中"Use localized resources"前面的复选框,单击"OK"按钮,关闭并重新启动 Protel DXP 2004 SP2,更换系统界面为中文界面。

3）自动备份设置。执行菜单"DXP"→"优先设定"→"Backup"命令,将自动备份时间间隔设定为 15 分钟,将保存的版本数设置为 3,将备份文件保存路径设置为"D:\My Design"。

4）工作区面板的显示与隐藏。用鼠标左键单击工作区面板右上角的 按钮或 按钮,实现工作区面板的自动隐藏或显示。

5）用鼠标左键点住工作区面板状态栏不放,拖动光标在窗口中移动,将工作区面板移动到所需的位置。

6）恢复系统默认的初始界面。执行菜单"查看"→"桌面布局"→"Default"命令,恢复系统默认的初始界面。

7）新建项目文件。执行菜单"文件"→"创建"→"项目"→"PCB 项目"命令,创建项目文件,并将其另存为"单管放大.PrjPCB"。

8）新建原理图文件。执行菜单"文件"→"创建"→"原理图"命令,创建原理图文件,并将文档另存为"单管放大.SCHDOC"。

9）参数设置。设置电路图大小为 A4、横向放置、标题栏选用标准标题栏,捕获网格和可视网格均设置为 10。

10）载入元器件库 Miscellaneous Devices.IntLib 和 Miscellaneous Connectors.IntLib。

11）放置元器件。如图 2-89 所示,从元器件库中放置相应的元器件到电路图中,并对元器件做移动、旋转等操作,同时进行属性设置,其中无极性电容的封装采用 RAD-0.1,电解电容的封装采用 CAPPR1.5-4x5,电阻的封装采用 AXIAL-0.4。

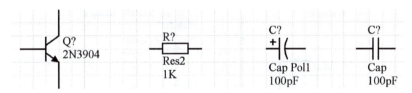

图 2-89　元器件放置

12）全局修改。将图 2-89 中各元器件的标号和标称值的字体改为 12 号宋体,隐藏"Comment"（注释）,观察元器件变化。

13）通过查找元器件方式放置 SN7404N,并将其设置为使用第 3 套功能单元。

14）拉框选中所有元器件,将其删除。

15）绘制 2.3 节图 2-15 所示的单管放大电路,元器件封装使用默认,完成后将文件存盘。

16）保存文件。

3. 思考题

1）为什么要给元器件定义封装？是否所有原理图中的元器件都要定义封装？

2）在进行线路连接时应注意哪些问题？

3）如何查找元器件？

4）如何实现全局修改和局部修改？

技能实训 3　绘制接口电路图

1. 实训目的
1）掌握较复杂电路图的绘制。
2）掌握总线和网络标号的使用。
3）掌握电路图的编译校验、电路错误修改和网络表的生成。

2. 实训内容
1）新建项目文件，并将其另存为"接口电路.PrjPCB"。
2）新建一张原理图，并将其另存为"接口电路.SCHDOC"。
3）绘制接口电路图。设置图纸大小选择为 A4，绘制如图 2-90 所示的电路，其中元器件标号、标称值及网络标号均采用五号宋体，完成后将文件存盘。

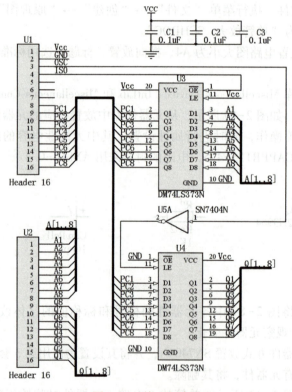

图 2-90　接口电路图

4）本例中已经设置一个错误点，对电路图进行编译，修改图中存在的错误，直到校验无原则性错误。
5）生成电路的网络表文件，并查看网络表文件，看懂网络表文件的内容。
6）生成元器件清单。

3. 思考题

1）使用网络标号时应注意哪些问题？

2）如何查看编译检查的内容？它主要包含哪些类型的错误？

3）总线和一般连线有何区别？使用中应注意哪些问题？

技能实训 4　绘制有源功放层次电路图

1. 实训目的

1）熟练掌握原理图编辑器的操作。

2）掌握层次式电路图的绘制方法。

3）进一步熟悉原理图编译和网络表的生成。

2. 实训内容

1）新建项目文件，并将其另存为"有源功放.PrjPCB"。

2）载入自行设计的含有 TEA2025 的元器件库。

3）新建原理图，并将其另存为"有源功放.SCHDOC"，设置图纸大小设置为 A4，参照图 2-73 完成层次式电路图主图的绘制，主图电路设计完毕，保存文件。

4）执行菜单"设计"→"根据符号创建图纸"命令，将光标移到子图符号"低音炮"上，单击鼠标左键，弹出"I/O 端口特性转换"对话框，选择"No"，使生成的电路图中的 I/O 端口的输入输出特性将与子图符号 I/O 端口的特性相同，系统自动建立一个新电路图，在产生的新电路图上参照图 2-78 绘制第一张子图并存盘。

5）采用同样方法，依次参照图 2-91~图 2-94 绘制其余子图并保存。

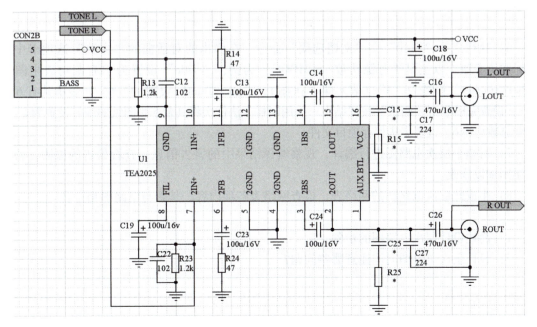

图 2-91　子图 POWER AMP. SCHDOC

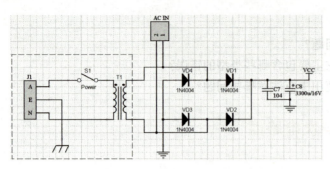

图 2-92 子图 POWER.SCHDOC

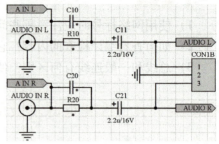

图 2-93 子图 AUDIO IN.SCHDOC

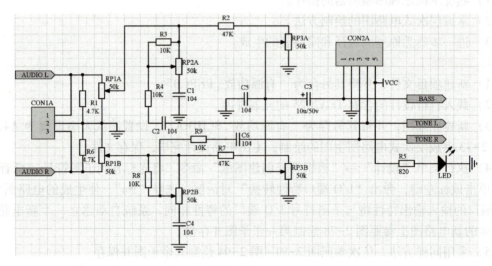

图 2-94 子图 TONE.SCHDOC

6）执行菜单"设计"→"文档选项"命令，在弹出的对话框的"参数"选项卡中设置标题栏参数。以主图"有源功放.SCHDOC"为例，"Title"设置为"有源功放主图"，"SheetNumber"设置为"1"（表示第1张图），"SheetTotal"设置为"6"（表示共有6张图），设置完毕单击"确认"按钮结束。采用同样方法依次将其余5张图纸的编号设置为2~6，图纸总数均为6，设置完毕保存项目文件。

7）对整个层次电路图进行编译，观察编译结果中的警告信息，查看警告的原因，若有错误则加以修改。

8）生成此层次电路图的网络表，检查网络表各项内容，是否与电路图相符合。

3. 思考题

1）简述设计层次电路图的步骤。

2）设计层次电路图时应注意哪些问题？

思考与练习

1. 如何设置 Protel DXP 2004 SP2 为中文界面？
2. 如何设置自动备份时间？

3. 在"D:\"下新建一个名为"AMP.PrjPCB 的 PCB"项目文件,并在其中新建一个原理图文件,启动原理图编辑器。

4. 采用元器件搜索的方式将 ADC-8、74LS00、4011 所在的元器件库设置为当前库。

5. 新建一张原理图,设置图纸尺寸为 A4,图纸纵向放置,图纸标题栏采用标准型。

6. 绘制如图 2-95 所示的串联调整型稳压电源电路。

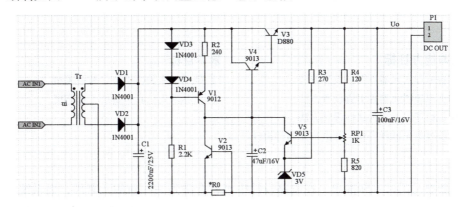

图 2-95　串联调整型稳压电源电路

7. 绘制如图 2-96 所示的存储器电路,并说明总线的使用方法。

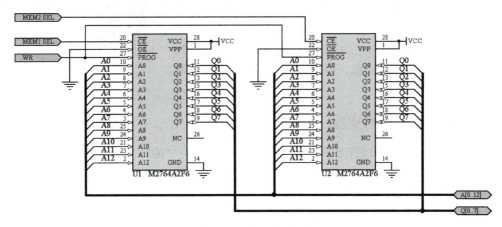

图 2-96　存储器电路

8. 绘制一个正弦波波形。

9. 网络标号与标注文字有何区别?使用中应注意哪些问题?

10. 根据图 2-73、图 2-78、图 2-91、图 2-92、图 2-93 和图 2-94 绘制有源功率放大器层次电路图。

11. 如何从原理图生成网络表文件?

12. 如何进行原理图编译?在 PCB 设计中哪些编译信息可以忽略?

13. 如何生成元器件清单?

14. 如何打印输出原理图?

项目 3　原理图元器件设计

知识与能力目标
1) 掌握原理图元器件图形设计方法
2) 掌握原理图元器件引脚设置方法
3) 掌握原理图元器件属性设置方法
4) 学会收集元器件资料，并进行元器件设计

素养目标
1) 鼓励学生关注细节，精益求精
2) 培养学生认真负责的工作态度

随着新型元器件不断推出，在电路设计中经常会碰到一些新的元器件，而系统提供的元器件库中并未提供这些元器件，这就需要用户自己动手创建元器件的电气图形符号，或者下载最新的元器件库。

任务 3.1　认知原理图元器件库编辑器

3.1　认知原理图元器件库编辑器

原理图元器件设计必须在元器件库编辑器中进行，其操作界面与原理图编辑界面相似，但增加了专门用于元器件制作和库管理的工具。

3.1.1　启动元器件库编辑器

1) 启动 Protel 2004，执行菜单"文件"→"创建"→"库"→"原理图库"命令，系统打开原理图元器件库编辑器，并自动产生一个原理图库文件"Schlib1.SchLib"，如图 3-1 所示。

编辑器的工作区划分为四个象限，像直角坐标一样，其中心位置坐标为(0,0)，编辑元器件通常在第四象限进行。

2) 执行菜单"文件"→"保存"命令，将该库文件保存到指定文件夹中。

单击图 3-1 中的标签"SCH Library"，在工作区中打开原理图元器件库管理器，系统自动新建元器件"Component"，如图 3-2 所示。主要包含 4 个区域，即"元件""别名""Pins"和"模型"，各区域主要功能如下。

① "元件"区：用于选择元器件，设置元件信息。
② "别名"区：用于设置选中元器件的别名，一般不设置。
③ "Pins"区：用于元器件引脚信息的显示及引脚设置。
④ "模型"区：用于设置元器件的 PCB 封装、信号的完整性及仿真模型等。

图 3-2 中由于库中没有元器件，故所有区域的内容都是空的。

图 3-3 所示为集成元器件库 Miscellaneous Devices.InLib 中的原理图元器件库管理器，从

图中可以看出各区域都设置了相关信息。

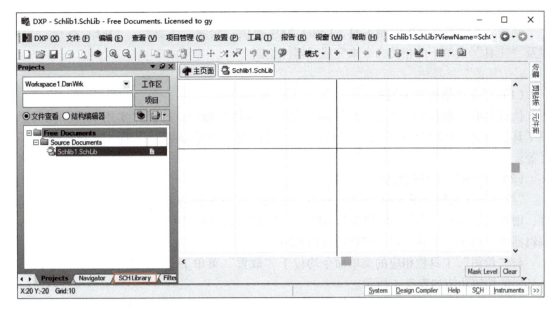

图 3-1　元器件库编辑器主界面

图 3-2　元器件库管理器

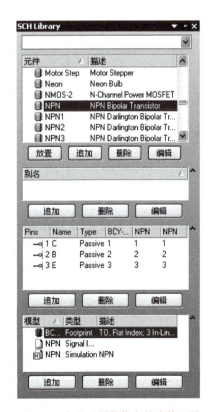

图 3-3　含有元器件信息的库管理器

3.1.2 使用元器件绘图工具

制作元器件需要使用绘制工具，Protel 2004 提供"绘图"工具栏、"IEEE 符号"工具栏及"工具"菜单下的相关命令来完成元器件绘制。

1. "绘图"工具栏

（1）启动"绘图"工具栏

执行菜单"查看"→"工具栏"→"实用工具栏"命令，打开"实用工具"工具栏，该工具栏包含"IEEE"工具栏、"绘图"工具栏及"网格设置"工具栏等。

（2）"绘图"工具栏的功能

"绘图"工具栏如图 3-4 所示，利用"绘图"工具栏可以新建元器件、增加功能单元、绘制外形和放置引脚等，大多数按钮的作用与原理图编辑器中"描画"工具栏对应按钮的作用相同。

与"绘图"工具栏相应的菜单命令均位于"放置"菜单下。"绘图"工具栏的按钮功能如表 3-1 所示。

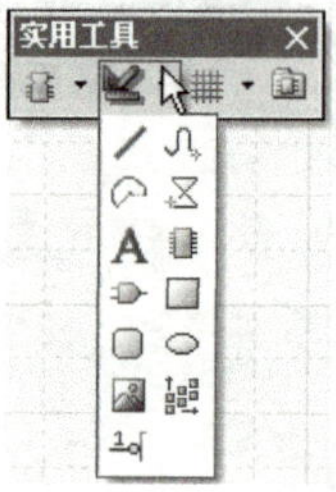

图 3-4 "绘图"工具栏

表 3-1 "绘图"工具栏按钮功能

图标	功能	图标	功能	图标	功能
	绘制直线		新建元器件		绘制椭圆
	绘制曲线		增加功能单元		放置图片
	绘制椭圆弧线		绘制矩形		阵列式粘贴
	绘制多边形		绘制圆角矩形		放置引脚
	放置说明文字				

2. "IEEE 符号"工具栏

"IEEE 符号"工具栏用于为元件符号加上常用的 IEEE 符号，主要用于逻辑电路。放置 IEEE 符号可以执行菜单"放置"→"IEEE 符号"命令进行，如图 3-5 所示。图中为了显示方便，将菜单裁成两部分，并平行放置。

3. "工具"菜单

执行菜单"工具"命令，显示"工具"菜单，如图 3-6 所示，该菜单可以对元器件库进行管理，设计中常用命令的功能如下。

- 新元件（C）：在编辑的元器件库中创建新元器件。
- 删除元件（R）：删除在元器件库管理器中选中的元器件。
- 删除重复（S）：删除元器件库中的同名元器件。
- 重新命名元件（E）：修改选中元器件的名称。
- 复制元件（Y）：将元器件复制到当前库中。
- 移动元件（M）：将选中的元器件移动到目标元器件库中。

图 3-5 "IEEE 符号"菜单　　　　图 3-6 "工具"菜单

- 创建元件（W）：给当前选中的元器件增加一个新的功能单元（部件）。
- 删除元件（T）：删除当前元器件的某个功能单元（部件）。
- 模式：用于增减新的元器件模式，即在一个元器件中可以定义多种元器件符号。
- 元件属性（I）：设置元器件的属性。

任务 3.2　规则的集成电路元器件设计——DM74LS138

设计元器件的一般步骤如下。
1）新建一个元器件库。
2）新建元器件并修改元器件名称。
3）设置库编辑器参数。
4）在第四象限的原点附近绘制元器件外形。
5）放置元器件引脚并设置引脚属性。
6）设置元器件属性。
7）设置元器件封装。
8）保存元器件。

3.2.1　认知元器件的标准尺寸

在设计原理图元器件前必须了解元器件的基本符号和大致尺寸，以保证设计出的元器件与 Protel 2004 自带库中元器件的风格基本一致，这样才能保证图纸的一致性。

下面以集成元器件库 Miscellaneous Devices.InLib 中的元器件为例查看元器件信息。如图 3-7 所示，图中有电容（Cap）、电阻（Res2）、二极管（Diode）、晶体管（NPN）和集成电路（ADC-8）5 种元器件，从中查看不同类型元器件的图形和引脚特点。

图中每个小网格的间距为 10（即 100 mil），从图中可以看出各元器件图形和引脚的设置方法各不相同，具体如表 3-2 所示。

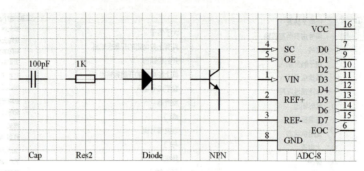

图 3-7 元器件样例

表 3-2 元器件图形和引脚的设置方法

类型	元器件	图形尺寸	引脚尺寸	引脚间距	图形设计	引脚状态
不规则	Cap	10	10	—	采用直线绘制，默认引脚	隐藏引脚名称和引脚号
不规则	Res2	20	10	—	采用直线绘制，默认引脚	隐藏引脚名称和引脚号
不规则	Diode	10	20	—	采用直线和多边形绘制，默认引脚	隐藏引脚名称和引脚号
不规则	NPN	10	20	—	采用直线和多边形绘制，默认引脚	隐藏引脚名称和引脚号
规则	ADC-8	根据IC确定	20	最小 10	采用矩形绘制，引脚设置电气特性	显示引脚名称和引脚号

在元器件设计时，需参考表3-2中的尺寸进行，以保证原理图风格的一致性。

3.2.2 设置原理图库编辑器参数

1. 将光标定位到坐标原点

在绘制元器件图形时，一般在坐标原点处开始设计，而实际操作中由于光标移动造成偏离坐标原点，影响元器件设计。

执行菜单"编辑"→"跳转到"→"原点"命令，光标将跳回坐标原点。

3.2.2 设置原理图编辑器参数

2. 设置网格尺寸

执行菜单"工具"→"文档选项"命令，打开"库编辑器工作区"对话框。在"网格"区中设置"捕获"和"可视"的尺寸，一般均设置为10。

在绘制不规则图形时，有时还需要适当减小捕获网格的尺寸以便完成图形绘制，绘制完毕需将捕获网格尺寸还原为10。

3. 关闭自动滚屏

执行菜单"工具"→"原理图优先设置"命令，弹出"优先设定"对话框，选择"Schematic"下的"Graphical Editing"选项，在"自动摇景选项"的"风格"下拉列表框中选中"Auto Pan Off"，取消自动滚屏。

4. 设置工作区颜色

在元器件设计中，引脚通常放置在网格上，为了更好地显示网格，一般把工作区的颜色设置为灰色，以便于识别。

执行菜单"工具"→"文档选项"命令，打开"库编辑器工作区"对话框。在"颜色"区中单击"工作区"后面的色块，在弹出的"颜色选择"窗口中选择灰色，完成设置工作。

3.2.3 新建元器件库和元器件

1. 新建元器件库

执行菜单"文件"→"创建"→"库"→"原理图库"命令,新建原理图元器件库,并将该库另存为 MySchlib1.SCHLIB。

2. 新建元器件

新建元器件库后,系统会自动在该库中新建一个名为"Component_ 1"的元器件。

若要再增加元器件,可以执行菜单"工具"→"新元件"命令,弹出"设置新元件名"对话框,输入元器件名后单击"确认"按钮,完成新建元器件。

3. 元件更名

系统自动给定的元器件名称为 Component_1,实际应用中通常要进行更名。

在元器件库编辑管理器中选中元器件,执行菜单"工具"→"重新命名元件"命令,弹出"元件重新命名"对话框,输入新元器件名后单击"确认"按钮,更改元器件名。

本例中将元器件名设置为"DM74LS138"。

3.2.4 绘制元器件图形与放置引脚

集成电路 DM74LS138 的元器件图形规则,只需绘制矩形框,放置引脚并定义引脚属性,设置好元器件属性即可,其设计过程如图 3-8 所示。

3.2.4 绘制元器件图形与放置引脚

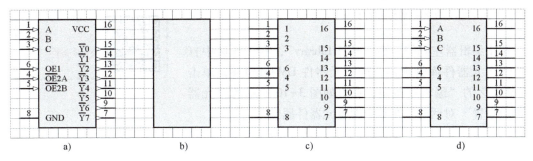

图 3-8 DM74LS138 设计过程图
a) 设计好的元器件 b) 放置矩形 c) 放置引脚 d) 设置引脚属性

1. 绘制元器件图形

执行菜单"放置"→"矩形"命令,在坐标原点单击,定义矩形块起点。移动光标到第四象限,拉出 60×110 的矩形块,再次单击定义矩形块的终点,完成矩形块放置,右击退出放置状态。

2. 放置引脚

执行菜单"放置"→"引脚"命令,光标上附着一个引脚,按〈Space〉键可以旋转引脚的方向,移动光标到要放置引脚的位置,单击放置引脚。本例中在图上相应位置放置引脚 1~16。

由于引脚只有一端具有电气特性,在放置时应将带有引脚编号的一端与元器件图形相连。

3. 设置引脚属性

双击某个引脚（如引脚 1），弹出如图 3-9 所示的"引脚属性"对话框，其中"显示名称"设置为"A"，表示引脚显示为 A；"标识符"设置为"1"，表示引脚号为 1；"电气类型"设置为"Input"，表示输入引脚；"长度"设置为"20"。

"电气类型"下拉列表框共有 Input（输入）、I/O（双向输入/输出）、Output（输出）、Open Collector（集电极开路）、Passive（无源）、HiZ（高阻）、Emitter（发射极开路）及 Power（电源）8 种类型。

参考图 3-8 设置其他引脚属性，其中 B、C、$\overline{OE1}$、$\overline{OE2A}$、$\overline{OE2B}$ 的"电气类型"为"Input"（输入引脚）；$\overline{Y0}$~$\overline{Y7}$ 的"电气类型"为"Output"（输出引脚）；GND、VCC 的"电气类型"为"Power"（电源）；设置引脚 4、5

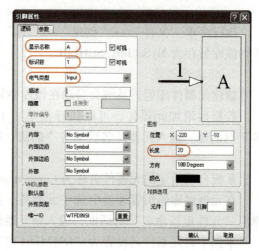

图 3-9 "引脚属性"对话框

的"显示名称"分别为"O\E\2A"（表示低电平有效）和"O\E\2B"，设置引脚 7、9~15 的"显示名称"为"Y\7""Y\6"~"Y\0"，其他引脚的显示名称参考图 3-8；设置全部引脚的"长度"为"20"。

3.2.5 设置元器件属性

单击编辑器左侧的标签"SCH Library"，在工作区中打开原理图元器件库管理器，选中元器件 DM74LS138，单击"元件"区的"编辑"按钮，弹出如图 3-10 所示的"元器件参数设置"对话框，在其中设置元器件属性。

3.2.5 设置元器件属性

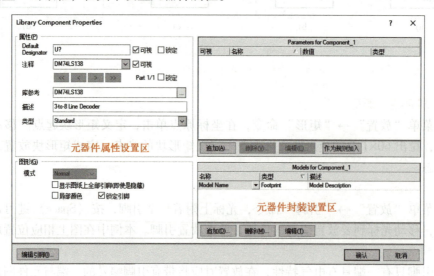

图 3-10 "元器件参数设置"对话框

1. 元器件属性设置

图中"属性"区的"Default Designator"栏用于设置元器件默认的标号，图中设置为"U?"，即在原理图中放置元件后显示的元器件标号为 U?；"注释"栏用于设置元器件的型号或标称值，图中设置为"DM74LS138"；"描述"栏用于设置元器件信息说明，可以不设置，图中设置为"3-to-8 Line Decoder"。

以上设置完毕，调用元器件 DM74LS138 时，除显示元器件图形外，还显示"U?"和"DM74LS138"。

"Parameters"区用于设置元器件的参数模型，适用于电路仿真，在 PCB 设计中可以不进行设置。

2. 元器件封装设置

DM74LS138 是一个 16 脚的集成电路，有两种封装形式，即通孔封装 DIP16 和贴片封装 SOP16。

单击图 3-10 中"Models"区的"追加"按钮，弹出"追加新的模型"对话框，选中"Footprint"，单击"确认"按钮，弹出如图 3-11 所示的"PCB 模型"对话框，可在其中设置元器件的封装。

（1）通过查找方式添加封装

在设计中如果不知道封装位于哪个元器件库中，可以通过浏览并查找元器件封装的方式进行设置。

单击图 3-11 中的"浏览（B）"按钮，弹出如图 3-12 所示的"库浏览"对话框，单击"查找"按钮，弹出如图 3-13 所示的"元件库查找"对话框，在查找区输入"DIP16"，选中"路径中的库"复选框，单击"查找"按钮进行封装查找。本例中要查找的元器件封装库的路径设置为系统安装后默认的库路径，即"\Program Files (x86)\Altium2004 SP2\Library"。

图 3-11 "PCB 模型"对话框

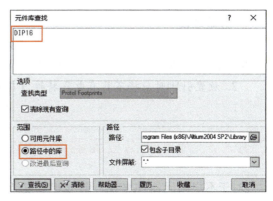

图 3-12 "库浏览"对话框　　　图 3-13 "元件库查找"对话框

查找封装完成后，系统返回如图 3-12 所示的"库浏览"对话框，并在其中显示找到的封装名和封装图形，如图 3-14 所示，在其中可以查看封装图形是否符合要求。

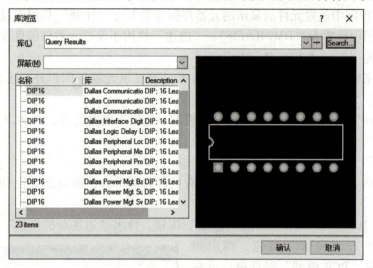

图 3-14 元件封装查找结果

选中封装后单击"确认"按钮，系统弹出一个对话框提示是否将该库设置为当前库，单击"Yes"按钮将该库设置为当前库，系统返回如图 3-11 所示的"PCB 模型"对话框，单击"确认"按钮完成封装设置。

采用类似前述方法设置封装 SOP16，封装全部设置完毕单击"确认"按钮完成设置。

（2）直接设置元器件封装

如果用户熟悉元器件的具体封装尺寸和封装名称，可以直接进行封装设置。

下面以设置 SOP16 封装为例说明设置方法。

单击图 3-10 中"追加"按钮，弹出"追加新的模型"对话框，选中"Footprint"，单击"确认"按钮，弹出图 3-11 所示的"PCB 模型"对话框，在"名称"栏输入封装名"SOP16"，单击"确认"按钮完成设置，系统返回图 3-10 所示的"元器件参数设置"对话框，此时可在"Models"区的"名称"下方看到已经设置好的封装名。

检查元器件设计无误后保存元器件，完成 DM74LS138 设计。

> **经验之谈**
>
> 1. 在绘制矩形块时，可以在坐标原点附近任意放置一个矩形，然后双击该矩形块，修改"位置"的"X1""Y1"值和"X2""Y2"值，从而定义矩形块的尺寸。
> 2. 放置引脚时应将不具有电气特性（即无标志）的一端与元器件图形相连。

任务 3.3   不规则分立元器件 PNP 晶体管设计

3.3 不规则分立元器件 PNP 晶体管设计

对于不规则元器件来说，图形相对复杂，下面以 PNP 型晶体管为例介绍设计方法。

1)新建元器件。在前述新建的 MySchlib1.SCHLIB 库中,执行菜单"工具"→"新元件"命令,弹出"设置新元件名"对话框,输入元器件名"PNP",单击"确认"按钮完成新建元器件。

2)设置网格。执行菜单"工具"→"文档选项"命令,打开"库编辑器工作区"对话框,在"网格"区中设置捕获网格为1。

3)光标回原点。执行菜单"编辑"→"跳转到"→"原点"命令,将光标跳回原点。

4)放置直线。执行菜单"放置"→"直线"命令,绘制晶体管的外形,在走线过程中按〈Space〉键,切换直线的转弯方式,设计过程如图3-15所示。放置线时应将连接引脚的直线端子放置在可视网格上,以便后期连接引脚。

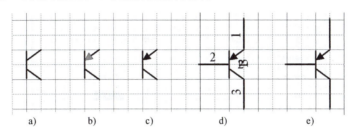

图3-15 晶体管设计过程图
a)画直线 b)画多边形 c)修改颜色 d)放置引脚 e)完成设置的晶体管

5)放置多边形。执行菜单"放置"→"多边形"命令,系统进入放置多边形状态,按〈Tab〉键,弹出"多边形"属性对话框,将"边缘宽"设置为"Smallest",如图3-16所示,移动光标并依次单击在图中绘制箭头符号,绘制完毕右击退出。

双击箭头符号,弹出图3-16"多边形"属性对话框,在"填充色"中,双击色块将颜色设置为与边缘色相同的颜色。

6)放置引脚。将捕获网格设置为10,执行菜单"放置"→"引脚"命令,光标上附着一个引脚,按〈Space〉键可以旋转引脚的方向,移动光标到要放置引脚的位置,单击放置引脚。由于引脚只有一端具有电气特性,在放置时应将不具有电气特性(即无光标符号端)的一端与元件图形相连,如图3-17所示。

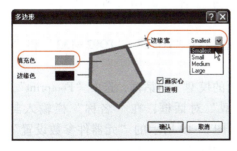

图3-16 "多边形"属性对话框

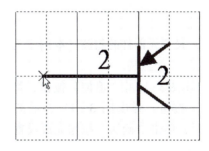

图3-17 放置元器件引脚

采用相同方法放置元器件的其他两个引脚。

双击晶体管基极的引脚,弹出"引脚属性"对话框,如图3-18所示,"显示名称"(即引脚名称,可以不设置)设置为"B","标识符"(即引脚号,必须填写)设置为"2",

"长度"设置为"20",取消选中"显示名称"和"标识符""可视"复选框,将其隐藏,最后单击"确认"按钮完成设置。

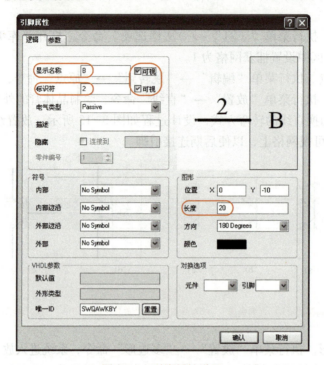

图 3-18 引脚属性设置

采用同样的方法设置发射极和集电极的引脚,完成元器件引脚设置。

7)设置元器件属性。单击图 3-1 中编辑器左侧的标签"SCH Library",在工作区中打开原理图元器件库管理器,选中元器件 PNP,单击"元件"区的"编辑"按钮,弹出如图 3-19 所示的"元器件参数设置"对话框,在其中可以设置元器件的各种信息。

"属性"区的"Default Designator"栏设置为"V?";"注释"栏设置为"PNP";"描述"栏设置为"PNP 晶体管"。

以上设置完毕,调用元器件 PNP 时,除显示晶体管的图形外,还显示"V?"和"PNP"。

8)设置元器件的封装。本例中为 PNP 晶体管设置"TO92""TO92-132"和"BCY-W3/E4"三个封装。

单击图 3-10 中"追加"按钮,弹出"追加新的模型"对话框,选中"Footprint",单击"确认"按钮,弹出图 3-11 所示的"PCB 模型"对话框,在"名称"栏输入封装名"TO92",单击"确认"按钮完成设置,系统返回图 3-19 所示的"元器件参数设置"对话框,此时可在"Models"区的"名称"下方看到已经设置好的封装名。

同样方法添加封装"TO92-132"和"BCY-W3/E4"。全部封装添加完毕后,单击图 3-19 中"模型"区"名称"中的下拉列表框,可以看到已经设置好的三个封装。

全部封装设置完毕,单击"确认"按钮完成封装设置。

9)执行菜单"文件"→"保存"命令,保存元器件完成设计工作。

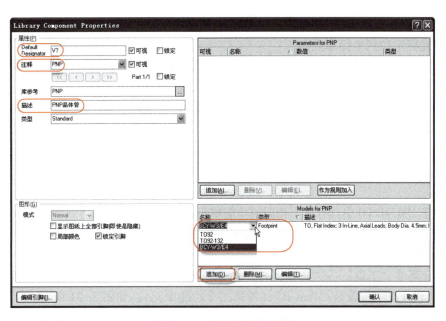

图 3-19　元器件参数设置

> 经验之谈
>
> 1. 为便于绘制三角形，应将捕获网格设置为 1。
> 2. 在连线过程中单击〈Space〉键可以切换转弯方式，便于绘制斜线。
> 3. 在放置引脚前应将捕获网格改为 10，以保证元器件的引脚位于以 10，为间距的可视网格上，便于在原理图设计中进行元器件连接。

任务 3.4　多功能单元元器件 DM74LS00 设计

3.4　多功能单元元器件 DM74-LS00 设计

在某些集成电路中含有多个相同的功能单元（如 DM74LS00 中含有四个相同的 2 输入与非门），其图形符号都是一致的，对于这样的元器件，只需设计一个基本符号，其他的元器件通过适当的设置即可完成设计。

下面以 DM74LS00 为例介绍多功能单元元器件设计，设计过程如图 3-20 所示。

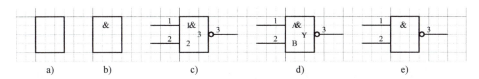

图 3-20　DM74LS00 设计过程图
a) 放置直线　b) 放置文本　c) 放置引脚　d) 定义引脚属性　e) 隐藏引脚名

1) 在 MySchlib1.SCHLIB 库中新建元件 DM74LS00。

2）设置网格尺寸。可视网格为10，捕获网格为5。

3）将光标定位到坐标原点。

4）执行菜单"放置"→"直线"命令，绘制元器件矩形外框，尺寸为30×40。

5）执行菜单"放置"→"文本字符串"命令，放置字符串"&"。

6）执行菜单"放置"→"引脚"命令，在相应位置放置引脚1~3。

7）双击元件引脚，弹出"引脚属性"对话框，设置引脚1、2的"显示名称"分别为"A""B"，"电气类型"为"Input"；设置引脚3的"显示名称"为"Y"，"电气类型"为"Output"，"外部边沿"为"Dot"（表示低电平有效，在引脚上显示一个小圆圈），"引脚长度"为20。

8）由于DM74LS00中含有4个相同的功能单元，可以采用复制的方式绘制其他功能单元。

① 选中第一个与非门的所有图元，执行菜单"编辑"→"复制"命令，所有图元均被复制入剪切板。

② 执行菜单"工具"→"创建元件"命令，出现一张新的工作窗口，在元器件库管理器中，注意到现在的位置是"Part B"（即第二个功能单元），如图3-21所示。

③ 执行菜单"编辑"→"粘贴"命令，将光标定位到坐标（0，0）处单击左键，将剪切板中的图件粘贴到新窗口中。

④ 双击元件引脚，将引脚1的"标识符"由"1"改为"4"，将引脚2的"标识符"由"2"改为"5"，将引脚3的"标识符"由"3"改为"6"，完成第二个功能单元的绘制，结果如图3-21所示。

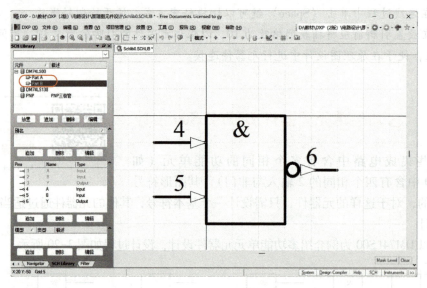

图3-21 第二个功能单元

9）按照同样的方法，绘制完成其他两个功能单元。其中Part C中引脚9、10的"电气类型"为"Input"，引脚8的"电气类型"为"Output"；Part D中引脚12、13的"电气类型"为"Input"，引脚11的"电气类型"为"Output"。

10）在Part D中放置隐藏的电源引脚14脚VDD和7脚GND。执行菜单"放置"→"引脚"

命令，按下〈Tab〉键，弹出"引脚属性"对话框中，参考图 3-22 设置电源端 VDD，引脚号为 14，设置完毕放置电源脚 14；同样参考图 3-23 放置并设置 GND，引脚号为 7，放置接地脚 7。

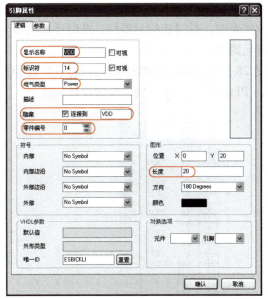 

图 3-22　设置隐藏的电源端 VDD　　　　　图 3-23　设置隐藏的电源端 GND

取消选中"显示名称"的"可视"复选框；"电气类型"设置为"Power"；选中"隐藏"复选框，将该脚自动隐藏；"连接到"设置为 VDD（或 GND）在网络上与 VDD（或 GND）相连；"零件编号"设置为 0，这样 GND 和 VDD 属于每一个功能单元。VDD 和 GND 设置前后的效果如图 3-24 所示。

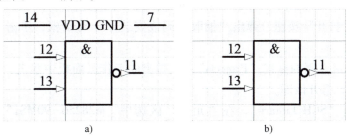

图 3-24　设置隐藏电源引脚
a）电源引脚隐藏前　b）电源引脚隐藏后

11）设置元器件属性。单击编辑器左侧的标签"SCH Library"，在工作区中打开原理图元器件库管理器，选中元件 DM74LS00，单击"元件"区的"编辑"按钮，参考图 3-25 设置元器件属性。

12）采用与任务 3.3 相同的方法设置 DM74LS00 的封装为 DIP-14 和 SOP14。

13）保存设计好的元器件。

图 3-25　设置元器件属性

任务 3.5 利用已有的库元器件设计新元器件

在绘制元件时，有时只想在原有元器件上做些修改，得到新的元器件，此时可以将该元器件符号复制到当前库中进行编辑修改，产生新元器件。

下面通过复制如图 3-26 所示的 SO28 封装的 28 脚 M28256-90MS1 图形，将其修改为如图 3-27 所示的 PLCC32 封装的 32 脚的 M28256（PLCC32）芯片为例，介绍设计方法。

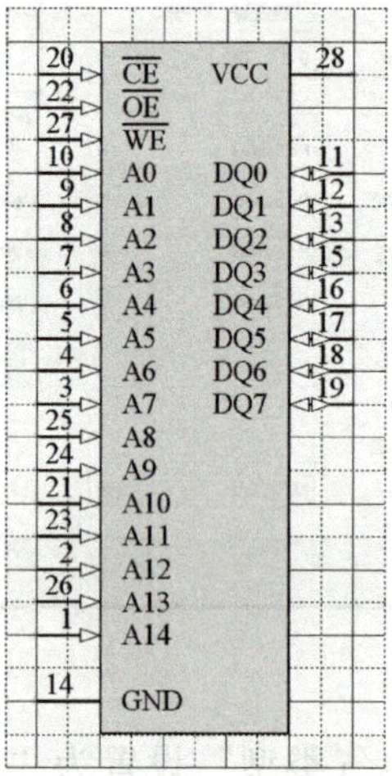

图 3-26 28 脚的 M28256 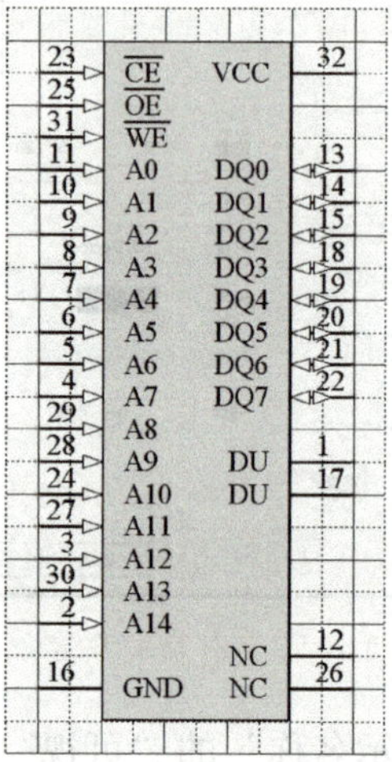　　　　图 3-27 32 脚的 M28256

1) 执行菜单"文件"→"打开"命令，弹出"选择打开文件"对话框，在其中选择文件夹"Altium2004\Library\ST Microelectronics"，选中集成元器件库"ST Memory EEPROM Parallel"，单击"打开"按钮，弹出"抽取源码或安装库"对话框，单击"抽取源码"按钮，调用该库。

2) 单击编辑区左侧的标签"Projects"，在弹出的工作区面板中双击"ST Memory EEPROM Parallel 库"，打开该库。

3) 单击标签"SCH Library"，在"元件"区选中"M28256-90MS1"，执行菜单"工具"→"复制元件"命令，弹出"选择目标库"对话框，如图 3-28 所示，选中"MySchlib1.SCHLIB"后单击"确认"按钮，将 M28256-90MS1 复制到 MySchlib1.SCHLIB 中。

图 3-28 选择目标库对话框

4) 在工作区中，根据图 3-27 修改 M28256-90MS1 的引脚号（标识符），并添加 4 个引脚，"显示名称"和"标识符"分别设置为"DU""1"；"DU""17"；"NC""12"；"NC""26"。

5) 设置元器件封装为 PLCC32。

6) 选中元器件 M28256-90MS1，执行菜单"工具"→"重新命名元件"命令，将元器件名修改为 M28256（PLCC32）。

7)保存设计好的元器件。

经验之谈

在元器件设计中经常用到采用复制元器件并进行编辑修改的方式,特别是想对某些现有元器件进行局部修改时,采用该方法可以提高设计效率。

任务 3.6 产生元器件报表和元器件库报表

设计好元器件库后,可以根据需要输出元器件的报表,产生元器件库中所有元器件的名称及其描述信息报表等。

3.6.1 产生元器件报表

下面以前述的 MySchlib1.SCHLIB 库中的元器件 DM74LS138 的输出报表为例介绍元器件报表的产生方法。

1)执行菜单"文件"→"打开"命令,打开已创建的元器件库"MySchlib1.SCHLIB"。

2)单击"Projects"标签,在弹出的"Projects"选项卡中选中该元器件库。

3)单击"SCH Library"标签,切换到"SCH Library"选项卡,在"元件"区选中要输出报表的元器件"DM74LS138"。

4)执行菜单"报告"→"元件"命令,系统自动产生 DM74LS138 的元器件报表文件"MySchlib1.cmp",如图 3-29 所示,从该表中可以获得元器件的信息。

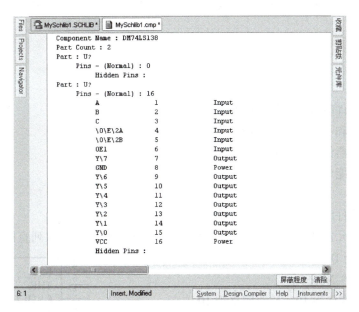

图 3-29 元器件信息

3.6.2 产生元器件库报表

元器件库报表用于生成当前元器件库中所有元件的名称（包括元器件的别名）及其描述信息。

1）执行菜单"文件"→"打开"命令，打开已创建的元器件库"MySchlib1.SCHLIB"。

2）单击"Projects"标签，在弹出的"Projects"选项卡中选中该元器件库。

3）执行菜单"报告"→"元件库"命令，系统自动产生元器件库报表文件"MySchlib1.rep"，如图3-30所示，从该报表中可以获得该元器件库的信息。

图3-30 元器件库信息

从图3-30中可以看出，该库中有4个元器件，其中DM74LS138未设置描述信息。

技能实训5 原理图库元器件设计

1. 实训目的

1）掌握元器件库编辑器的功能和基本操作。

2）掌握规则和不规则元器件设计方法。

3）掌握库元器件的复制方法。

4）掌握多功能单元元器件设计。

2. 实训内容

1）新建元器件库，将库文件另存为"Newlib"。

2）设计规则元器件 NE555。如图3-31所示，该元器件为一个双列直插式8引脚的集成块，封装名设置为DIP-8。

① 新建元器件 NE555。

② 设置可视网格为10，捕获网格为10。

③ 绘制元器件 NE555，元器件引脚的"显示名称"和"标识符"如图3-31所示；元器件矩形块的尺寸为70×80；引脚"电气特性"如下：引脚2、4、6为"Input"，引脚1、

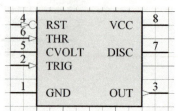

图3-31 元器件 NE555

8 为 "Power",引脚 5 为 "Passive",引脚 3 为 "Output",引脚 7 为 "Open Collector"。

④ 设置元器件属性。设置 "Default Designator" 为 "U?","描述" 设置为 "General-Purpose Single Bipolar Timer"。

⑤ 设置元器件的封装形式为 "Dual-In-Line Package.PcbLib" 库中的 "DIP-8"。

⑥ 保存元器件。

3)设计发光二极管 LED。

设计如图 3-32 所示的发光二极管 LED,元器件名设置为 LED,封装名设置为 LED-1。

图 3-32 元件 LED 绘制过程

① 新建元器件 LED。

② 设置可视网格为 10,捕获网格为 1。

③ 根据图 3-32 绘制元件 LED 的图形,其中三角形采用 "多边形" 绘制,大三角形的 "填充色" 设置为无色 "233",箭头三角形的 "填充色" 设置为蓝色 "229",其他采用 "直线" 绘制,颜色设置为蓝色 "229"。

④ 放置元器件引脚。

二极管正端引脚的 "显示名称" 设置为 "A",取消选中 "可视" 复选框;"标识符" 设置为 "1",取消选中 "可视" 复选框;"电气特性" 设置为 "Passive";"长度" 设置为 20。

二极管负端引脚的 "显示名称" 设置为 "K",取消选中 "可视" 复选框;"标识符" 设置为 "2",取消选中 "可视" 复选框;"电气特性" 设置为 "Passive";"长度" 设置为 20。

⑤ 设置元器件属性。设置 "Default Designator" 为 "VD?"。

⑥ 设置元器件的封装形式为 "Miscellaneous Devices PCB.PcbLib" 库中的 "LED-1"。

⑦ 保存元器件。

4)设计双联电位器 POT2。

设计双联电位器 POT2,即在一个元器件中绘制两套功能单元,设计过程如图 3-33 所示,封装由于要根据实际元器件尺寸设定,故此处不设置。

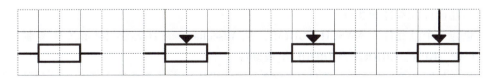

图 3-33 双联电位器图形设计过程图

① 执行菜单 "文件" → "打开" 命令,弹出 "选择打开文件" 对话框,在

"Altium2004 SP2\Library"文件夹下选择集成元器件库"Miscellaneous Devices.IntLib",单击"打开"按钮,弹出"抽取源码或安装"对话框,单击"抽取源码"按钮,调用该库。

在库编辑器中选中该库,单击编辑区左侧的标签"SCH Library",打开元器件库管理器,选中元器件"RES2",单击鼠标右键,在弹出的菜单中选择"复制",复制该元件。将库切换到Schlib1.Schlib,在"元件"区中单击鼠标右键,在弹出的菜单中选择"粘贴",将RES2粘贴到当前库中。

② 选中元器件RES2,执行菜单"工具"→"重新命名元件"命令,将元器件名"RES2"更名为"POT2"。

③ 执行菜单"放置"→"多边形"命令,在电阻上方放置三角形,绘制前适当修改捕获网格。

④ 执行"放置"→"引脚"命令,在三角形上方放置引脚。

⑤ 双击新放置的引脚,设置引脚属性,其中"显示名称"和"标识符"均设置为"3",取消选中"可视"复选框;"电气特性"设置为"Passive";"长度"设置为10,设置结束保存元器件。

⑥ 执行菜单"工具"→"创建元件"命令,增加一套功能单元"Part B",将前面设计好的电位器复制到当前功能单元中。

⑦ 双击元件的引脚,修改引脚属性,从左到右,将3个引脚的"显示名称"和"标识符"依次修改为"4""6""5"。

⑧ 设置元器件属性。"Default Designator"设置为"Rp?"。

⑨ 保存元器件完成双联电位器设计。

5) 将设计好的3个元器件依次放置到电路图中,观察设计好的元器件是否正确,并了解双联电位器两个功能单元的区别。

3. 思考题

1) 如何旋转元器件的引脚?
2) 如何判别元器件哪个引脚具有电特性?
3) 规则元器件设计与不规则元器件设计有何区别?
4) 设计多套部件单元的元器件时,应如何操作?
5) 如何在原理图中选用多功能单元元器件的不同功能单元?

思考与练习

1. 简述设计元器件的步骤。

2. 创建一个新元件库MYSCH.SCHLIB,从Miscellaneous Devices.InLib库中复制元器件RES2、CAP、NPN、BRIDG1及DIODE组成新库。

3. 绘制如图3-34所示的元器件74LS02,该集成块中有4个2输入或非门,封装设置为DIP-14,接地引脚7和电源引脚14设置为隐藏。

4. 如何在原理图中设置多功能单元元器件的不同单元?

5. 绘制如图3-35所示的4路开关,元器件名为SW DIP-4,设置矩形块为40×50,注

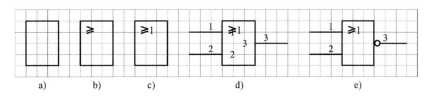

图 3-34　74LS02 设计过程图

a）放置直线　b）绘制"≥"　c）放置文本"1"　d）放置引脚　e）定义属性后的引脚

意适当调整可视网格和捕获网格的大小。

6. 绘制如图 3-36 所示的 4006，元器件封装设置为 DIP14。其中，引脚 1、引脚 3~6 为输入引脚；引脚 8~13 为输出引脚；引脚 7 为地，隐藏；引脚 14 为电源，隐藏。

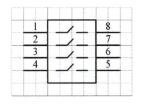

图 3-35　4 路开关

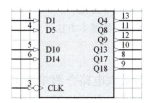

图 3-36　4006

7. 搜索 CY7C69013 系列芯片的资料，设计元器件 CY7C68013 56-PIN QFN，封装形式为 QFN。

项目 4 单管放大电路 PCB 设计

知识与能力目标
1) 认知 PCB 编辑器
2) 认知 PCB 基本组件和工作层面
3) 掌握 PCB 设计的基本方法
4) 掌握 PCB 布线调整的基本方法

素养目标
1) 培养学生建立规范意识
2) 培养学生精益求精、一丝不苟的精神

本项目通过单管放大电路介绍单面 PCB 的设计方法，该电路元器件数量少，可以不通过原理图和网络表布线，直接放置封装并进行手工布线；也可以先设计原理图，然后通过网络表调用元器件封装和网络信息到 PCB，最后进行布局和布线。

任务 4.1 认知 PCB 编辑器

4.1 认知 PCB 编辑器

4.1.1 启动 PCB 编辑器

启动 Protel DXP 2004 SP2，执行菜单"文件"→"创建"→"项目"→"PCB 项目"命令，建立新的 PCB 工程项目文件。执行菜单"文件"→"创建"→"PCB 文件"命令，系统自动产生一个 PCB 文件，默认文件名为 PCB1.PcbDoc，并进入 PCB 编辑器状态，如图 4-1 所示。

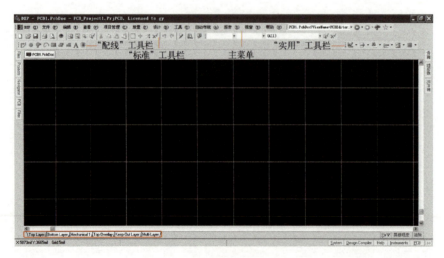

图 4-1 PCB 编辑器主界面

1. 主菜单

PCB 编辑器的主菜单与原理图编辑器的主菜单基本相似，操作方法也类似。绘制原理图时主要是对元器件的操作和连接，而在进行 PCB 设计时主要是针对元器件封装、焊盘、过孔等的操作和布线工作。

2. 工具栏

PCB 编辑器的工具栏主要有 PCB 标准工具栏、"配线"工具栏和"实用"工具栏等，其中"实用"工具栏包括实用工具、调准工具、查找选择、放置尺寸、放置 Room 空间及网格等 6 个工具。

执行菜单"查看"→"工具栏"命令，可以打开或关闭相应的工具栏。

表 4-1 所示为"配线"工具栏的按钮功能，表 4-2 所示为"实用"工具栏的按钮功能。

表 4-1 "配线"工具栏的按钮功能

按钮	功能	按钮	功能	按钮	功能
	交互式布线		放置圆弧（边沿）		放置覆铜
	放置焊盘		放置矩形填充		放置字符串
	放置过孔		放置铜区域		放置元器件

表 4-2 "实用"工具栏的按钮功能

按钮	功能	按钮	功能	按钮	功能
	放置直线		放置圆		放置任意角度圆弧
	放置标准尺寸		放置坐标		粘贴队列
	放置中心圆弧		设定原点		

4.1.2 PCB 编辑器的管理

1. PCB 窗口管理

在 PCB 编辑器中，窗口管理可以执行菜单"查看"下的子菜单实现，常用如下。

执行菜单"查看"→"整个 PCB"命令，可以实现 PCB 全板显示，便于用户快捷地查找。

执行菜单"查看"→"指定区域"命令，用户可以用光标拉框选定放大的区域。

执行菜单"查看"→"显示三维 PCB"命令，可以显示整个印制板的三维模型，一般在电路布局或布线完毕，使用该功能观察元器件的布局或布线是否合理。

2. 坐标系

PCB 编辑器的工作区是一个二维坐标系，其绝对原点位于电路板图的左下角，一般在工作区的左下角附近开始设计印制板。

用户可以自定义新的坐标原点，执行菜单"编辑"→"原点"→"设定"命令，将光标移到要设置为新的坐标原点的位置，单击即可设置新的坐标原点。

执行菜单"编辑"→"原点"→"重置"命令，可恢复到绝对坐标原点。

3. PCB 浏览器使用

当编辑器工作面板隐藏时，单击编辑器主界面左侧的标签"PCB"（若编辑器工作面板为显示状态，则单击编辑器主界面左下方的标签"PCB"），可以打开 PCB 浏览器。在浏览器顶端的下拉列表框中可以选择浏览器的类型，常用的如下。

1) Nets（网络浏览器），显示板上所有网络名。如图 4-2 所示左侧即为网络浏览器，在"网络类"区中双击"All Nets"，在"网络"区中将显示所有网络，选中某个网络（如 NetC3_1），在"网络项"区中将显示与此网络有关的焊盘和连线的信息，同时工作区中与该网络有关的焊盘和连线将高亮显示。

在 PCB 浏览器的最下方，还有一个微型监视器屏幕，在监视器中显示全板的结构，并以虚线框的形式显示当前工作区中的工作范围。

单击 PCB 浏览器上方的 按钮，光标变成了放大镜形状，将光标在工作区中移动，便可在监视器中放大显示光标所在的工作区域。

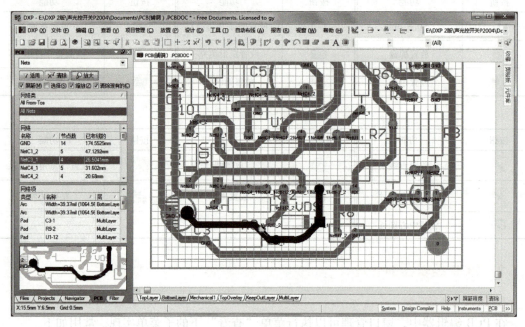

图 4-2 PCB 浏览器

2) Component（元器件浏览器），它将显示当前 PCB 中的所有元器件名称和选中元器件的所有焊盘。

3) Rules（设计规则浏览器），可以查看并修改设计规则和提示当前 PCB 中的违规信息。

4) From-To Editor（飞线编辑器），可以查看并进行编辑元件的网络节点和飞线。

5) Split Plane Editor（内电层分割编辑器），可在多层板中对电源层进行分割。

4. 关闭自动滚屏

有时在进行线路连接或移动元器件时，会出现窗口中的内容自动滚动的问题，这样不利于操作，主要原因在于系统默认的设置为"自动滚屏"。

要消除这种现象，可以关闭"自动滚屏"功能。执行菜单"工具"→"优先设定"命令，弹出如图 4-3 所示的"优先设定"对话框，在"屏幕自动移动选项"区的"风格"下拉列表框中将其设置为"Disable",即可关闭自动滚屏功能。

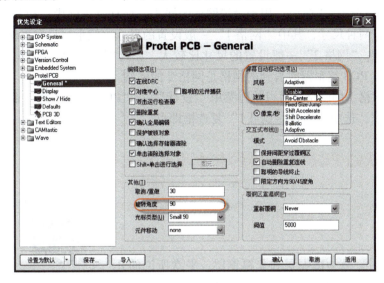

图 4-3 "优先设定"对话框

5. 设置图件旋转角度

在 PCB 设计时,有时板的尺寸很小,元器件排列无法做到横平竖直,需要有特殊的旋转角度以满足实际要求,而系统默认的旋转角度为 90°,此时需重新设置旋转角度。

设置旋转角度在图 4-3 所示的"优先设定"对话框中的"其他"区进行,在"旋转角度"栏中输入所需的旋转角度值即可。

4.1.3 设置单位制和布线网格

1. 单位制设置

Protel DXP 2004 SP2 的 PCB 设计中有两种单位制,即 Imperial(英制,单位为 mil)和 Metric(公制,单位为 mm),执行菜单"查看"→"切换单位"命令,可以实现英制和公制的切换。

单位制的设置也可以执行菜单"设计"→"PCB 选择项"命令,弹出如图 4-4 所示的"PCB 选择项"对话框,在"测量单位"区中的"单位"下拉列表框中可以选择所需单位制。

2. 设置栅格

在如图 4-4 所示的"PCB 选择项"对话框中可以进行捕获网格、元件网格、电气网格、可视网格、图纸位置等的设置。

1)捕获网格设置。"X""Y"分别设置光标在 X 方向、Y 方向上的位移量。

2)元件网格设置。"X""Y"分别设置元器件在 X 方向、Y 方向上的位移量。

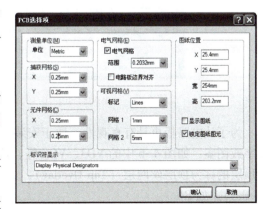

图 4-4 "PCB 板选择项"对话框

3）电气网格设置。必须选中"电气网格"复选框，然后设置电气网格间距。

4）可视网格设置。"标记"用于设置网格的样式，有 Dots（点状）和 Lines（线状）两种；可视网格有两种尺寸，其中"网格 1"一般设置的尺寸比较小，只有工作区放大到一定程度时才会显示；"网格 2"一般设置的尺寸比较大，系统默认的显示状态是只显示网格 2 的网格，故进入 PCB 编辑器时看到的网格是网格 2 的网格。

若要显示网格 1 的网格，可以执行菜单"设计"→"PCB 层次颜色"命令，弹出"系统颜色"对话框，选中"Visible Grid 1"复选框即可。

任务 4.2　认知 PCB 设计中的基本组件和工作层面

4.2.1　PCB 设计中的基本组件

1. 板层

板层（Layer）分为覆铜层和非覆铜层，平常所说的几层板是指覆铜层的层面数。一般在覆铜层上放置焊盘、线条等，完成电气连接；在非覆铜层上放置元件，描述字符或注释字符等；还有一些层面（如禁止布线层）放置一些特殊的图形，完成一些特殊的作用或指导生产。

覆铜层一般包括顶层（又称元件面）、底层（又称焊接面）、中间层、电源层、地线层等；非覆铜层包括印记层（又称丝网层、丝印层）、板面层、禁止布线层、阻焊层、助焊层、钻孔层等。

对于批量生产的电路板而言，通常在印制板上铺设一层阻焊剂，阻焊剂一般是绿色或棕色，除了要焊接的地方外，其他地方根据电路设计软件所产生的阻焊图来覆盖一层阻焊剂，这样可以实现快速焊接，并防止焊锡溢出引起短路；而对于要焊接的地方，通常是焊盘，则要涂上助焊剂，如图 4-5 所示。

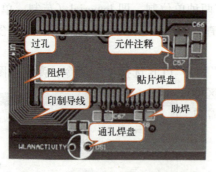

图 4-5　某电路局部 PCB 实物图

为了让电路板更具有直观性，便于安装与维修，一般在顶层（或底层）之上要印一些文字或图案，如图 4-6 中的 VD3、VCC 等，这些文字或图案用于说明 PCB，属于非布线层。在顶层的称为顶层丝网层（Top Overlay），如 VD3；而在底层的则称为底层丝网层（Bottom Overlay），如 R6。

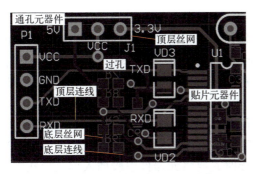

图 4-6　印有文字或图案的 PCB 局部图

2. 焊盘

焊盘（Pad）用于固定元器件引脚或引出连线、测试线等，它有圆形、矩形、八角形等多种形状。焊盘的参数有焊盘编号、X 方向尺寸、Y 方向尺寸、钻孔孔径尺寸等。

焊盘可分为通孔及表面贴片两大类，其中通孔焊盘必须钻孔，而表面贴片焊盘无须钻孔，如图 4-7 所示为焊盘示意图。

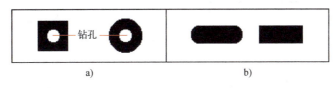

图 4-7　焊盘示意图
a）通孔焊盘　b）表面贴片焊盘

3. 金属化孔

金属化孔（Via）也称过孔，在双面板和多层板中，为连通各层之间的印制导线，通常在各层需要连通的导线的交汇处钻上一个公共孔，即过孔。在工艺上，过孔的孔壁圆柱面上用化学沉积的方法镀上一层金属，用以连通中间各层需要连通的铜箔，而过孔的上下两面做成圆形焊盘形状，过孔的参数主要有孔的外径和钻孔尺寸。

金属化孔不仅可以是通孔，还可以是掩埋式。所谓通孔是指穿通所有覆铜层的孔；掩埋式则仅穿通中间几个覆铜层面，仿佛被其他覆铜层掩埋起来。图 4-8 为六层板的金属化孔剖面图，包括顶层、电源层、中间 1 层、中间 2 层、地线层和底层。

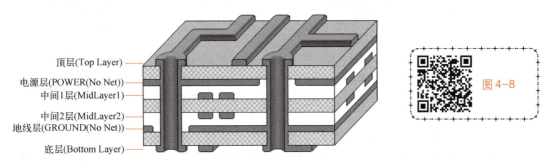

图 4-8　六层板的金属化孔剖面图

4. 元器件封装

元器件封装（Component Package）是指实际元器件焊接到电路板时所指示的元器件外形轮廓和引脚焊盘的间距。不同的元器件可以使用同一个元器件封装，同种元器件也可以有不同的封装形式。元器件的封装是显示元器件在 PCB 上的布局信息，为装配、调试及检修提供方便，其图形符号在丝印层（也称丝网层）上，如图 4-6 的 C3 图形符号。

元器件的封装主要分为两大类：通孔封装（THT）和表面贴片封装（SMT）。如图 4-9 所示为双列 14 脚集成块的封装图，它们的区别主要在焊盘上。通孔封装（THT）是针对直插类元器件的，这种类型的元器件在焊接时先要将元器件引脚插入焊盘导孔中，然后再焊接，由于导孔贯穿整个电路板，所以在焊盘属性中，其板层属性为 Multi Layer；表面贴片封装（SMT）的焊盘只限于表面板层，即顶层（Top Layer）或底层（Bottom Layer），在焊盘属性中，其层属性必须是单一的层面。

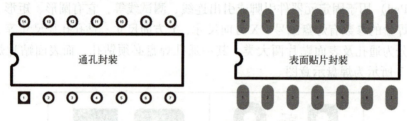

图 4-9 两种类型的元器件封装

元器件封装的命名遵循一定的原则，即 元器件类型+焊盘距离（或焊盘数）+元器件外形尺寸。通常可以通过元器件封装名来判断封装的规格，在元器件封装的描述栏中会提供元器件的尺寸信息。

如电阻封装 AXIAL-0.3，表示此元器件封装为轴状，两焊盘间距为 0.3 英寸或 300 mil（1 英寸 = 1000 mil = 2.54 cm）；封装 DIP-8 表示双列直插式元器件封装，8 个焊盘引脚；RB7.6-15 表示极性电容类元器件封装，焊盘间距为 7.6 mm，元器件的直径为 15 mm。

元器件封装中数值的意义如图 4-10 所示。

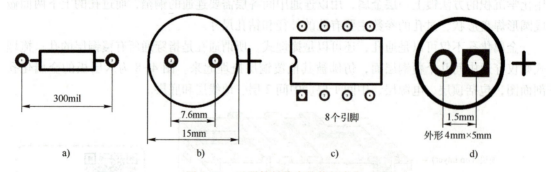

图 4-10 元器件封装中数值的意义
a) AXIAL-0.3 b) RB7.6-15 c) DIP-8 d) CAPPR1.5-4×5

在进行 PCB 设计时要分清原理图和印制板中的元器件，原理图中的元器件是一种电路符号，有统一的标准；而印制板中的元器件是元器件的封装，代表的是实际元器件的物理尺寸和焊盘，集成电路的尺寸一般是固定的，而分立元器件一般没有固定的尺寸，元器件封装可以根据需要设定，如图 4-11 所示。

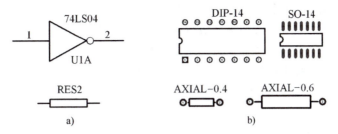

图 4-11　原理图元器件与 PCB 封装对照图
a）原理图元器件　b）PCB 封装

一般元器件封装的图形符号被自动设置在丝印层（也称为丝网层）上，如图 4-6 中的 VD3。

常用的分立元器件封装有电阻类（AXIAL-0.3～AXIAL-1.0）、二极管（DIODE-0.4～DIODE-0.7）、极性电容类（RB5-10.5～RB7.6-15、CAPPR＊-＊×）、无极性电容（RAD-0.1～RAD-0.4）、可变电阻类（VR1～VR5）、晶体管类（封装很多，常用 BCY-W3/E4），这些封装都在 Miscellaneous Devices PCB.PCBLib 元器件库中。

常用元器件的封装形式对照表见表 4-3。

表 4-3　常用元器件封装形式对照表

元器件封装型号	元器件类型	元器件实物示例图	元器件封装图形
AXIAL-0.3～AXIAL-1.0	通孔电阻或无极性双端子元器件等		
RAD-0.1～RAD-0.4	通孔无极性电容、电感等		
CAPPR＊-＊×、RB.＊/.＊	通孔电解电容等		
＊-0402～＊-7257	贴片电阻、电容、二极管等		
DIODE-＊、DIO＊-＊××	通孔二极管		
SO-＊/＊、SOT23、SOT89	贴片晶体管		
BCY-W2/D3.1	石英晶体振荡器		
SO-＊、SOJ-＊、SOL-＊	双列贴片元器件		
TO-＊、BCY-＊/＊	通孔晶体管、FET 与 UJT		
DIP-4～DIP-64	双列直插式集成块		
SIP2～SIP20、HEADER＊	单列直插式集成块或连接头		
IDC＊、HDR＊、MHDR＊、DSUB＊	接插件、连接头等		
VR1～VR5	可变电阻器		

5. 连线

连线（Track Line）是指有宽度、有位置方向（起点和终点）、有形状（直线或弧线）的线条。在覆铜面上的线条一般用来完成电气连接，称为印制导线或铜膜导线；在非覆铜面上的连线一般用作元器件描述或其他特殊用途。

印制导线用于印制板上的线路连接，通常印制导线是指两个焊盘（或过孔）间的连线，而大部分的焊盘就是元器件的引脚，当无法顺利连接两个焊盘时，通过跳线或过孔实现转接。

如图 4-12 所示为印制导线的走线图，图中所示为双面板，采用垂直布线法，一层水平走线，另一层垂直走线，两层间印制导线的连接由过孔实现。

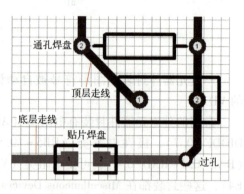

图 4-12 印制导线的走线图

6. 网络和网络表

网络（Net）是从一个元器件的一个引脚到其他引脚或其他元器件引脚的电气连接关系。每一个网络均有唯一的网络名称，有的网络名是人工添加的，有的是系统自动生成的，系统自动生成的网络名由该网络内两个连接点的引脚名称构成。

网络表（Netlist）描述电路中元器件特征和电气连接关系，一般可以从原理图中获取，它是原理图和 PCB 之间的纽带。

7. 飞线

飞线（Connection）是在电路进行自动布线时供观察用的类似橡皮筋的网络连线，网络飞线不是实际连线。通过网络表调入元器件后，就可以看到网络飞线，为提高自动布线的布通率，要尽量减少飞线之间的交叉，通过调整元器件的位置和方向，使网络飞线的交叉最少。

自动布线结束后，未布通的网络上仍然保留网络飞线，此时可用手工连接的方式连接这些未布通的网络。

8. 安全间距

安全间距（Clearance）是在进行印制板设计时，为了避免导线、过孔、焊盘及元器件之间的相互干扰，而在它们之间留出的一定间距，安全间距可以在设计规则中设置。

9. 网格

网格（Grid）用于 PCB 设计时的位置参考和光标定位，网格有公制和英制两种单位制，分可视网格、捕获网格、元件网格和电气网格 4 种。

4.2.2 PCB 工作层

在 Protel DXP 2004 SP2 的 PCB 设计中，系统提供了多个工作层面，主要类型如下。

4.2.2 PCB 工作层

1）信号层（Signal layers）。信号层主要放置与信号有关的电气元素，共有 32 个信号层。其中顶层（Top layer）和底层（Bottom layer）可以放置元件和铜膜导线，其余 30 个为中间信号层（Mid layer1~30），只能布设铜膜导线，放置于信号层上的元器件焊盘和铜膜导线代表了电路板上的覆铜区。系统为每层都设置了不同的颜色以便区别。

如图 4-13 所示为某单面 PCB 的三维效果图,其 Top layer 放置元器件,Bottom layer 放置连线;如图 4-14 所示为某单面 PCB 的底层布线图,Bottom layer 放置连线完成电气连接。

图 4-13

图 4-13　某单面 PCB 的三维效果图

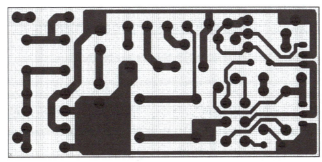

图 4-14　某单面 PCB 的底层布线图

2) 内部电源/接地层 (Internal plane layers)。共有 16 个电源/接地层 (Plane1~16),专门用于多层板的电源连接,信号层内需要与电源或地线相连接的网络通过过孔实现,这样可以大幅度缩短供电线路的长度,降低电源阻抗。同时,专门的电源层在一定程度上隔离了不同的信号层,有利于降低不同信号层间的干扰。

3) 机械层 (Mechanical layers)。用于定义设计中电路板机械数据的图层,共有 16 个机械层 (Mech1~16),一般用于设置印制板的物理尺寸、数据标记、装配说明及其他机械信息。

4) 丝印层 (Silkscreen layers)。也称丝网层,主要用于放置元器件的外形轮廓、元器件标号和注释等信息,包括顶层丝印层 (Top Overlay) 和底层丝印层 (Bottom Overlay) 两种。

图 4-15 所示为某单面 PCB 的顶层丝网层 (Top Overlay),上面有元器件体的图形和相应的标号等信息。

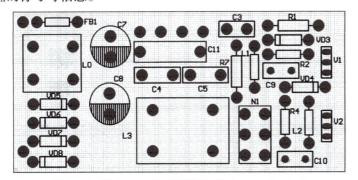

图 4-15

图 4-15　某单面 PCB 的顶层丝网层 (Top Overlay)

5）阻焊层（Solder mask layers）。阻焊层是负性的，其上的焊盘和元器件代表电路板上未覆铜的区域，分为顶层阻焊层和底层阻焊层。设置阻焊层的目的是防止焊锡的粘连，避免在焊接相邻焊点时发生意外短路，所有需要焊接的焊盘和铜箔都需要该层，是制造 PCB 的要求。

6）锡膏防护层（Paste mask layers）。锡膏防护层是负性的，主要用于 SMD 元器件的安装，放置其上的焊盘和元器件代表电路板上未覆铜的区域，分为顶层防锡膏层和底层防锡膏层。锡膏防护层是 SMD 钢网层，供回流焊的焊盘使用的，锡膏防护层是 PCB 组装的要求。

7）钻孔层（Drill Layers）。钻孔层提供制造过程的钻孔信息，包括钻孔指示图（Drill Guide）和钻孔图（Drill Drawing）。

8）禁止布线层（Keep Out Layer）。用于定义放置元器件和布线的区域范围，一般禁止布线区域必须是一个封闭区域。

9）多层（Multi Layer）。用于放置电路板上所有的通孔焊盘和过孔。

4.2.3　PCB 工作层设置

1. 打开或关闭工作层

执行菜单"设计"→"PCB 层颜色"命令，弹出如图 4-16 所示的"板层和颜色"对话框，去除各层后的"表示"复选框的选中状态可以关闭该层，选中则打开该层。若要打开所有正在使用的层，可以选中"选择使用的"复选框。

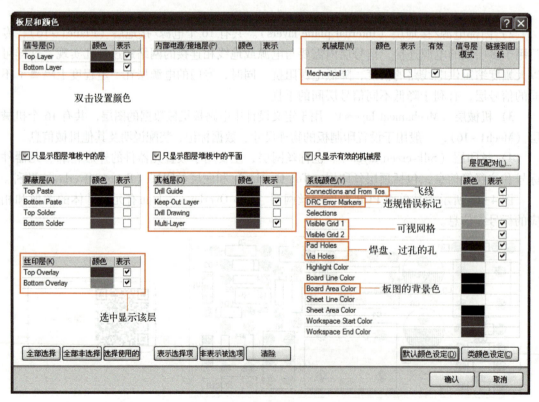

图 4-16　"板层和颜色"对话框

如果要增加信号层和电源层，可以执行菜单"设计"→"层堆栈管理器"命令进行设置，如果要增加机械层面则取消选中如图 4-16 所示的"只显示有效的机械层"复选框，则显示所有的机械层，从中可以设置所需的机械层。

2. 设置工作层显示颜色

在 PCB 设计中，由于层数多，为区分不同层上的铜膜线，必须将各层设置为不同颜色。

在图 4-16 中，单击工作层名称右边的颜色色块，弹出"选择颜色"对话框，在其中可以修改工作层的颜色。

在"系统颜色"区中，"Board Area Color"用于设置板图工作区的背景颜色；"Connections and From Tos"用于设置网络飞线的颜色，"DRC Error Makers"用于设置违规错误标记颜色。

一般情况下，使用系统默认的颜色，单击"默认颜色设定"按钮，可恢复系统默认颜色。

3. 当前工作层选择

在进行布线时，必须先选择相应的工作层，然后进行布线。

设置当前工作层可以单击工作区下方工作层标签栏上的某一个工作层实现，如图 4-17 所示，图中选中的工作层为 Bottom Layer。

图 4-17　设置当前工作层

当前工作层的转换也可以使用快捷键实现，按下小键盘上的〈*〉键，可以在所有打开的信号层间进行切换；按下小键盘上的〈+〉键和〈-〉键可以在所有打开的板层间进行切换。

> **经验之谈**
>
> 在 PCB 设计中，为提高设计的效率，工作层一般只设置显示有用的层面，以减少误操作。初始的设置方法是将信号层、丝网层、禁止布线层和焊盘层（多层）设置为显示状态，其他的层需要时再设置。
>
> 如本例设计中采用单面 PCB，将 Bottom Layer、Top Overlay、Keep Out Layer 和 Multi Layer 设置为显示状态。

任务 4.3　单管放大电路 PCB 设计

PCB 设计时可以直接从原理图中调用元器件封装，也可以手工放置封装，其设计的一般步骤如下。

1）规划印制电路板，设置元器件库。

2）加载元器件封装或手工放置封装。

3）元器件布局。

4)放置焊盘、过孔等图件。

5)PCB 布线。

6)布线调整。

下面以如图 4-18 所示单管放大电路为例介绍 PCB 布线方法，PCB 尺寸为 50 mm×40 mm。

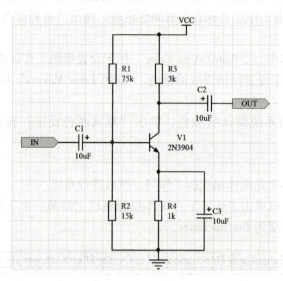

图 4-18 单管放大电路

图中有 3 种元器件，其封装均在 Miscellaneous Device.IntLIB 库中，其中电阻的封装选择 AXIAL-0.4，晶体管的封装选择 BCY-W3/E4，电解电容的封装选择 CAPPR2-5x6.8。

4.3.1 规划 PCB 尺寸

在进行 PCB 设计前首先需要规划 PCB 的外观形状和尺寸，大多数情况下 PCB 的外形采用矩形。规划 PCB 实际上就是定义印制板的机械轮廓和电气轮廓。

印制板的机械轮廓是指电路板的物理外形和尺寸，机械轮廓定义在机械层上，比较合理的规划机械层的方法是在一个机械层上绘制电路板的物理轮廓，而在其他的机械层上放置物理尺寸、队列标记和标题信息等。

印制板的电气轮廓是指电路板上放置元器件和进行布线的范围，电气轮廓一般定义在禁止布线层（Keep Out Layer）上，是一个封闭的区域，一般的 PCB 设计仅规划电气轮廓。

新建项目"单管放大.PrjPCB"，将设计好的原理图"单管放大.SchDoc"移动到当前的项目文件中，新建 PCB 文件并保存为"单管放大.PcbDoc"。

本例采用公制规划尺寸，具体步骤如下：

1）执行菜单"设计"→"PCB 选择项"命令，设置单位制为 Metric（公制）；设置可视网格 1、2 分别为 1 mm 和 10 mm；捕获网格 X、Y 和元件网格 X、Y 均为 0.5 mm，电气网格为 0.25 mm。

2）执行菜单"设计"→"PCB 层次颜色"命令，设置显示可视网格 1（Visible Grid1）。

3)执行菜单"工具"→"优先设定"命令,弹出"优先设定"对话框,选中"Display"选项,在"表示"区选中"原点标记"复选框,显示坐标原点。

4)执行菜单"编辑"→"原点"→"设定"命令,在图纸左下角定义相对坐标原点,设定后,沿原点往右为+X轴,往上为+Y轴。

5)单击工作区下方标签中的 Keep-Out Layer,将当前工作层设置为 Keep Out Layer。

6)执行菜单"放置"→"直线"命令,绘制电气轮廓,将光标移到坐标原点(0,0),单击确定导线起点,移动光标到某位置,双击确定一条连线,采用同样方法继续连线,绘制一个矩形框。

7)定义 50 mm×40 mm 的电气轮廓。双击矩形框下方的连线,弹出"导线"对话框,如图 4-19 所示,设置"开始"的"X"为 0、"Y"为 0,"结束"的"X"为 50、"Y"为 0,表示该线为以(0,0)为起点的 50 mm 水平线。

采用同样方法编辑其他 3 条导线,坐标依次为(50,0)、(50,40);(0,40)、(50,40)及(0,0)、(0,40)。

至此 50 mm×40 mm 的闭合电气轮廓绘制完毕,如图 4-20 所示,此后放置元器件和进行布线都要在此边框内部进行。

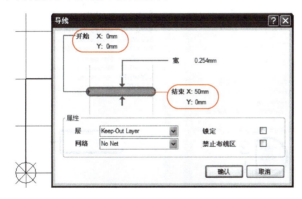

图 4-19 "导线"对话框

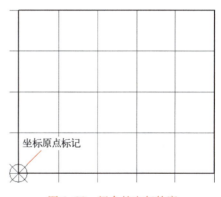

图 4-20 闭合的电气轮廓

8)重新定义板子形状。在设计中一般只显示电气轮廓区域内的信息,可以进行切板操作,执行菜单"设计"→"PCB 形状"→"重新定义 PCB 形状"命令,沿着电气轮廓的边框大小重新定义板子外形,这样切板后工作区中只显示该区域的信息。

9)保存 PCB 文件。

4.3.2 设置 PCB 元器件封装库

在进行 PCB 手工设计前,首先要知道使用的元器件封装在哪一个元器件库中,有些特殊的元器件在系统的元器件封装库中可能没有,用户需要使用系统提供的 PCB 元器件库编辑器自行设计元器件封装,并将这些元器件所在的库添加进当前库(Libraries)中,这样才能调用。

1. 设置元器件库显示封装名和封装图形

Protel DXP 2004 SP2 中元件库"*.IntLib"是集成的,它将原理图元器件库和 PCB 元器件库集成在一起,包含元器件图形、元器件封装、元器件参数等信息,进入 PCB 设计系统后，元件库默认显示原理图元器件库的信息。

单击工作区右侧的"元件库"标签，弹出如图4-21所示的"元件库"面板，面板上显示了当前集成库中原理图元器件库信息，如元器件名、元器件图形、参数及系统默认的元器件封装等。

单击图4-21中的"…"按钮，弹出一个小窗口用于选择元器件库显示信息，如图4-22所示，取消选中"元件"复选框、选中"封装"复选框，单击"Close"按钮，屏幕显示图4-23所示的"元件库"面板，此时面板中显示的为元器件封装信息，可以通过面板放置元器件封装。

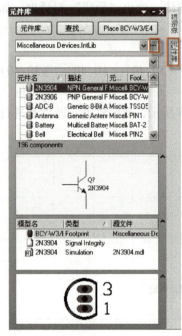

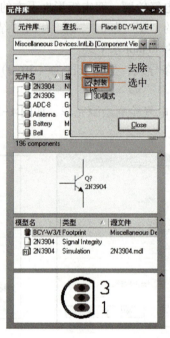

图4-21 "元件库"面板　　　图4-22 设置显示信息　　　图4-23 浏览封装信息

2. 加载元器件库

在Protel DXP 2004 SP2中，PCB库文件一般集成在集成库中，文件的扩展名为".IntLib"，在绘制完原理图后即可直接选择元器件的封装。该软件也提供了一些未集成的PCB库，文件的扩展名为".PcbLib"，位于"Altium2004 SP2\Library\Pcb"目录下。

元器件封装也可以自行设计，调用自行设计的元器件封装时必须先加载自定义的元器件封装库。

安装元器件库的方法与原理图设计中的相同，可以单击如图4-21所示的"元件库"按钮，进行元器件库设置，本例的元器件封装均在Miscellaneous Device.IntLib库中。

3. 设置指定路径下所有元器件库为当前库

有时不知道某些元器件封装所在的库和元器件封装的名字，可以通过设置路径的方式，将所有的库设置为当前库，以便从中查找所需的元器件封装图形和名称。

单击如图4-21所示的"元件库"按钮，弹出"可用元件库"对话框，选中"查找路径"选项卡，单击"路径"按钮，弹出如图4-24所示的"PCB项目选项"对话框。

选中"Search Paths"标签,单击"追加"按钮,弹出"编辑查找路径"对话框,单击"…"按钮,弹出"浏览文件夹"对话框,用于设置元器件库所在的路径,本例中路径选择"Altium2004 SP2\Library\Pcb",如图 4-25 所示。

图 4-24 "PCB 项目选项"对话框

图 4-25 设置路径

选好路径后单击"确定"按钮完成设置,系统返回"编辑查找路径"对话框,单击"确认"按钮完成全部设置工作,将该目录下的元器件库设置成当前库。

经验之谈

如果设置路径时选择"Altium2004 SP2\Library\Pcb",只包含 PCB 封装库;如果选择"Altium2004 SP2\Library",则包含集成元件库和 PCB 封装库。

4.3.3 从原理图加载网络表和元器件封装到 PCB

PCB 规划好后就可以从原理图中导入元器件封装和网络表,一般在导入之前,先编译原理图以保证其准确性,忽略与驱动相关的警告或错误信息,并将元器件封装所在的库添

4.3.3 从原理图加载网络表和元器件封装到 PCB

加到当前库中,以便调用封装,本例中的元器件封装都在 Miscellaneous Device.IntLIB 库中。

注意: 本例中为了说明 PCB 设计中问题的解决方法,特意未设置 R1 的封装,R2 的封装设置为库中不存在的 AXIAL,在调用元器件时将提示错误信息。

1. 加载元器件封装和网络表更新 PCB

1)打开设计好的原理图文件"单管放大.SchDoc",执行菜单"设计"→"Update PCB Document 单管放大.PcbDoc"命令,弹出如图 4-26 所示的"工程变化订单(ECO)"对话框,该对话框中显示了参与 PCB 设计的受影响的元器件、网络、Room 等信息。

从图中可以看出在"受影响对象"栏中缺少元件 R1,原因在于绘制原理图时特意未设置封装。

2)单击"使变化生效"按钮,系统将自动检测各项变化是否正确有效。所有正确的更新对象,在"检测"栏内显示"√"符号;不正确的显示"×"符号,并在"信息"栏中描述检测不通过的原因,如图 4-27 所示。

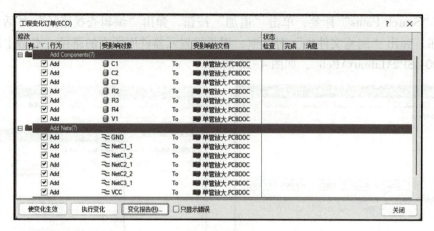

图 4-26 "工程变化订单（ECO）"对话框

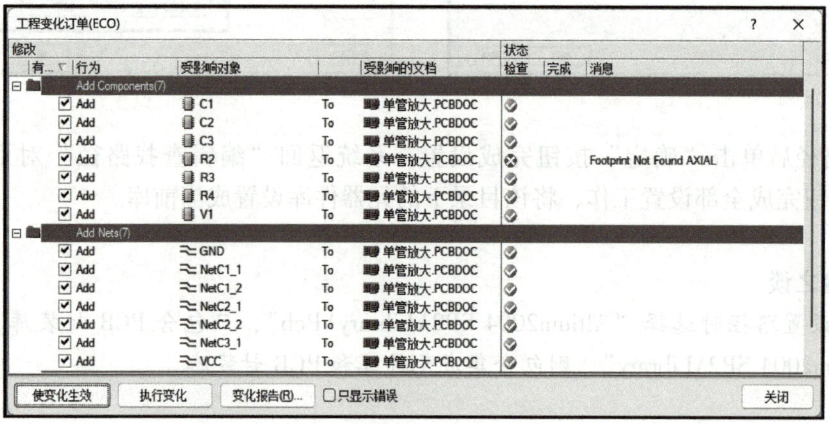

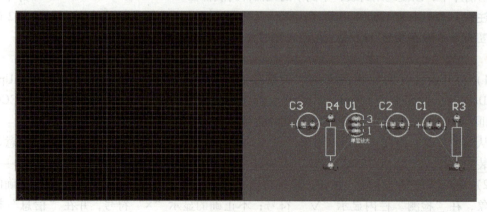

图 4-27 检测更新对象的结果

图中显示"Footprint Not Found AXIAL"，对应元器件是 R2，说明封装 AXIAL 未找到，原因是当前封装库中不存在该封装。

3）单击"执行变化"按钮，系统将接受工程参数变化，将元器件封装和网络表添加到 PCB 编辑器中，单击"关闭"按钮关闭对话框，加载元器件封装后的 PCB 如图 4-28 所示。

图 4-28 加载元器件封装后的 PCB

从图 4-28 中可以看出，系统自动建立了一个与原理图文件同名的 Room 空间"单管放大"，同时加载的封装和网络表放置在规划好的 PCB 边界之外，相连的焊盘间通过网络飞线连接。

2. 缺失封装的处理

本例中 R1、R2 的封装缺失，可以返回原理图编辑器，将"单管放大.SchDoc"中元器件 R1、R2 的封装均设置为 AXIAL-0.4，然后再次执行菜单"设计"→"Update PCB Document 单管放大.PcbDoc"命令，将缺失的元器件封装导入。

>
> 1. "Update PCB Document..."命令只能在项目中才能使用，必须将原理图文件和 PCB 文件保存在同一个项目中。
> 2. 在执行该命令前必须先保存规划好的 PCB 文件。

4.3.4 手工放置元器件封装

本例中由于在原理图设计中 R1 未设置封装，R2 封装名设置不正确，故在图 4-28 中缺少了 R1 和 R2。

添加缺失的元器件封装，除了前述的返回原理图编辑器修改并重新导入外，也可以通过手工放置元器件封装的方式将其放置到 PCB 中，并根据原理图修改标号，但这种方式放置的封装没有网络，必须重新从原理图中加载网络表更新 PCB，为增加的封装添加网络。

1. 通过菜单或相应按钮放置元器件封装

执行菜单"放置"→"元件"命令或单击"配线"工具栏上■按钮，弹出如图 4-29 所示的"放置元件"对话框。以放置电阻 R1 的封装为例，在"封装"栏中输入元器件封装名，如图中的 AXIAL-0.4；在"标识符"栏中输入元器件标号，如图中的 R1；在"注释"栏中输入元器件的型号或标称值，如图中的 75k。参数设置完毕，单击"确认"按钮，移动光标将元器件移动到适当的位置单击放置。

单击"封装"栏后的"…"按钮进行浏览，弹出"浏览元件"对话框，可以浏览当前库中的所有元器件封装。

放置元器件后，光标上粘贴着一个相同的元器件，可继续放置该类元器件，标号自动加 1（如 R2）。若要退出当前放置状态，单击右键，弹出"放置元件"对话框，单击"取消"按钮则退出放置状态。

本例中需放置两个缺失的电阻封装。

2. 从元器件库中直接放置

有时在进行 PCB 设计时，不知道元器件封装名，可以通过元器件库面板上的图形浏览窗逐个浏览元件，并从中选择所需的封装，如图 4-30 所示。

单击元器件库面板上方的下拉列表框按钮 ，则列出已经设置的所有元器件库，可在其中选择要浏览的元器件库。

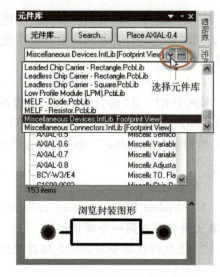

图 4-29 "放置元件"对话框　　　　图 4-30 从库中放置封装

选中元器件库后，下方的元器件名称和封装图形都会跟随着发生变化，此时可以用键盘上的〈↑〉键和〈↓〉键，逐个浏览所需的元器件封装。

选择好封装后，单击右上角的"放置" Place AXIAL-0.4 按钮放置元器件。（选择元器件后，"放置"按钮的"Place"后会自动加上元器件的封装名，如 AXIAL-0.4）

从元器件库中直接放置的封装其属性未设置，需要重新设置其属性。

3. 设置元器件属性

双击元器件封装，弹出如图 4-31 所示的"元件"属性对话框，可以进行元器件封装属性设置，主要内容如下。

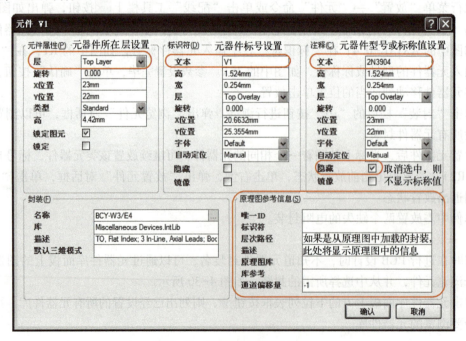

图 4-31 元器件封装属性设置

1) 元器件所在层设置。"元件属性"区的"层"用于设置元器件放置的工作层，对于单面板，设置为顶层（Top Layer）；对于双面以上的板则根据实际的放置情况，可设置为顶层（Top Layer）或底层（Bottom Layer）。

2) 元器件标号设置。"标识符"区的"文本"用于设置元器件的标号，元器件标号必须是唯一的，默认为显示状态。

3) 型号或标称值设置。"注释"区的"文本"用于设置元器件的标称值或型号，默认状态为"隐藏"。一般为了便于 PCB 装配时识别元器件，需将其设置为显示状态。

放置封装并修改标号后的 PCB 如图 4-32 所示，图中 R1、R2 的焊盘均无网络，需重新加载网络。

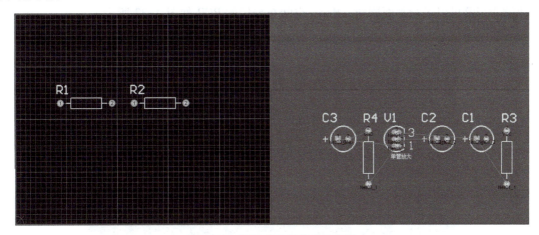

图 4-32　添加丢失封装后的 PCB

4. 重新加载网络

由于手工放置的元器件封装的焊盘上没有网络，不利于后期的布线，需重新加载网络表。

返回原理图编辑器，执行菜单"设计"→"Update PCB Document 单管放大 .PCBDOC"命令，再次加载元器件封装和网络表，此时 R1、R2 的焊盘上将加载网络，并显示网络飞线。

> **经验之谈**
>
> 1. 在单面板设计中元器件放置在顶层（Top Layer），如图 4-31 所示中，"层"栏系统默认设置为"Top Layer"；而对于双面以上的板，有时需将元器件放置在底层，此时放置元器件后，必须将要放置在底层的元器件的"层"栏设置为"Bottom Layer"。
>
> 2. 设计中如果原理图已经修改，必须重新从原理图加载网络表和元器件封装到 PCB，以保证更新已修改的信息。

4.3.5　元器件布局及调整

图 4-32 中，元器件分散在电气轮廓之外的，显然不能

4.3.5　元器件布局及调整

满足布局的要求,此时可以通过 Room 空间布局方式将元器件移动到规划的印制板中,然后通过手工调整的方式将元器件移动到适当的位置。

1. 通过 Room 空间移动元器件

从原理图中调用元器件封装和网络表后,系统自定义一个 Room 空间(本例中系统自定义的 Room 空间为"单管放大",它是根据原理图文件名定义的),其中包含了所有载入的元器件,移动 Room 空间,对应的元器件也会跟着一起移动。

选择"单管放大"Room 空间,将 Room 空间移动到电气边框内,执行菜单"工具"→"放置元件"→"Room 内部排列"命令,移动光标至 Room 空间上单击,元器件将自动按类型整齐排列在 Room 空间内,单击鼠标右键结束操作,此时屏幕上会有一些画面残缺,放大或缩小屏幕可以进行画面刷新,Room 空间布局后的 PCB 如图 4-33 所示。

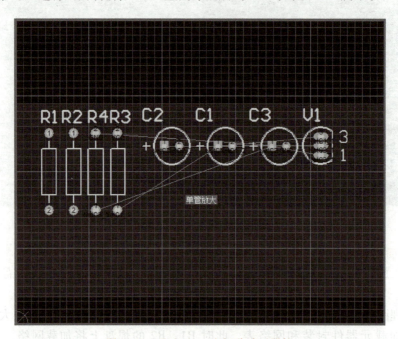

图 4-33　通过 Room 空间移动元器件

元器件布局后,图 4-33 中 Room 空间"单管放大"是多余的,选中该 Room 空间,按键盘的〈Del〉键删除 Room 空间。

2. 手工布局调整

手工布局就是通过移动和旋转元器件,将其移动到合适的位置,同时尽量减少元器件之间网络飞线的交叉。

(1) 用鼠标移动元器件

元器件移动有多种方法,比较快捷的方法是直接使用鼠标进行移动,即将光标移到元器件上,按住鼠标左键不放,将元器件拖动到目标位置。

(2) 使用菜单命令移动元器件

执行菜单"编辑"→"移动"→"元件"命令,光标变为"十"字,选中需要移动的元器件,移动光标将其移动到所需的位置,单击放置该元器件。

若图纸比较大，板上元器件数量比较多，不易查找元器件，则执行该命令后，在板上的空白处右击，弹出"选择元器件"对话框，列出板上的元器件标号清单，在其中选择要移动的元器件后单击"确定"按钮，选中元器件并进行移动操作。

（3）同时拖动元器件和连线

对于已连接印制导线的元器件，有时希望移动元器件时，印制导线也跟着一起移动，则在进行拖动前，必须进行拖动连线的系统参数设置，设置方法如下。

执行菜单"工具"→"优先设定"命令，弹出"优先设定"对话框，选择"General"选项，在"其他"区的"元件移动"下拉列表框选中"Connected Tracks"，将其移动方式设定为拖动连线。

此时执行菜单"编辑"→"移动"→"拖动"命令，可以实现元器件和连线同时拖动。

（4）在 PCB 中快速定位元器件

在 PCB 较大时，查找元器件比较困难，此时可以采用"跳转到"命令进行元器件定位。

执行菜单"编辑"→"跳转到"→"元件"命令，弹出一个对话框，提示输入要查找的元器件标号，输入标号后单击"确认"按钮，光标跳转到指定元器件上。

3. 旋转元器件

选中元器件，按住鼠标左键不放，同时按下键盘的〈X〉键进行水平翻转，按〈Y〉键进行垂直翻转，按〈Space〉键进行 90°旋转。

元器件旋转的角度可以自行设置，执行菜单"工具"→"优先设定"命令，在弹出的"优先设定"对话框中选择"General"选项，在"其他"区的"旋转角度"栏中设置旋转角度。

图 4-34 所示为布局调整后的 PCB 图，为了图片显示清晰，将工作区背景色设置为白色，从图中可以看出相连的焊盘之间存在网络飞线。

4. 调整元器件标号、标称值等标注文字

元器件布局调整后，一般标号的位置过于杂乱，虽并不影响 PCB 的正确性，但可读性变差，所以布局结束还必须对元器件标号等进行调整。

在 Protel DXP 2004 SP2 中，系统默认注释是隐藏的，实际使用时为了便于装配和维修，应将其设置为显示状态。双击要修改的元器件，弹出如图 4-31 所示的元器件属性对话框，在"注释"区取消选中"隐藏"复选框即可取消隐藏。

标注文字的调整采用移动和旋转的方式进行，用鼠标左键点住标注文字，按下键盘的〈X〉键进行水平翻转；按〈Y〉键进行垂直翻转；按〈Space〉键进行 90°旋转，调整好方向后拖动标注文字到目标位置，放开鼠标左键即可。

修改标注尺寸可直接双击该标注文字，在弹出的对话框中修改"高"（指文字高度）和"宽"（指笔画宽度）的值。

元器件标注文字一般要求排列整齐，文字方向一致，不能将元器件的标注文字放在元器件的框内或压在焊盘或过孔上。

调整标注后的 PCB 布局如图 4-35 所示。

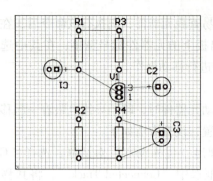

图 4-34 布局调整后的 PCB 图

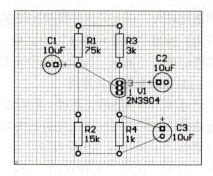

图 4-35 调整标注后的 PCB 布局

4.3.6 放置焊盘和过孔

如图 4-35 所示的 PCB 中还缺少连接电源的焊盘及电路输入、输出的焊盘，需要手工放置，并设置与之连接的网络。

4.3.6 放置焊盘和过孔

1. 放置焊盘

焊盘有通孔的，也有仅放置在某一层面上的贴片（主要用于表面封装元件），外形有圆形（Round）、正方形（Rectangle）和正八边形（Octagonal）等，如图 4-36 所示。

图 4-36 通孔焊盘的三种基本形状

执行菜单"放置"→"焊盘"命令或单击"放置"工具栏上 按钮，进入放置焊盘状态，移动光标到合适位置后，单击放下一个焊盘，此时仍处于放置状态，可继续放置焊盘，每放置一个焊盘，焊盘编号自动加 1，放置完毕，右击退出放置状态。

在焊盘处于悬浮状态时，按下键盘上的〈Tab〉键，弹出"焊盘"对话框，如图 4-37 所示。在对话框中主要设置孔径、尺寸和形状、标识符（焊盘编号）、所在层、所在的网络、电气类型及焊盘的钻孔壁是否要镀金等，一般自由焊盘的编号设置为 0。

本例中，必须添加 6 个通孔焊盘，其中 2 个输入焊盘、2 个电源端及接地端焊盘、2 个输出焊盘，以便与外部连接。

用鼠标单击选中焊盘，左键点住控点，拖动光标可以移动焊盘。

2. 设置焊盘编号和工作层

双击要设置的焊盘，弹出如图 4-37 所示的"焊盘"对话框，在"属性"区设置编号和工作层，在"标识符"栏设置焊盘编号；在"层"栏设置焊盘所在层，系统默认 Multi Layer，若设置贴片焊盘，顶层贴片焊盘"Layer"设置为 Top Layer，底层贴片焊盘则设置为 Bottom Layer。

3. 设置焊盘尺寸和形状

焊盘尺寸和形状在"焊盘"对话框中"尺寸和形状"区进行设置，在"形状"栏设置焊盘形状；在"X-尺寸"、"Y-尺寸"栏设置焊盘的 X 方向和 Y 方向尺寸，对于圆形焊盘

X、Y 值设为相同值，椭圆焊盘则设为不同值。

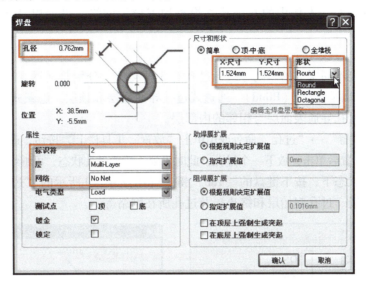

图 4-37 "焊盘"对话框

4. 设置焊盘孔径

在"焊盘"对话框中"孔径"栏设置焊盘的通孔直径。

5. 设置焊盘的网络

本例中，电路的输入端为 C1 的负端，故 2 个输入端焊盘中一个与 C1 的负端相连，另一个与地相连。在图 4-35 中看不到 C1 负端的网络，此时可将光标移动到 C1，按住键盘上的〈Ctrl〉键并向上滚动鼠标滚轮，放大屏幕，从中看出 C1 负端的网络为"NetC1_2"。

双击需要连接的焊盘，弹出如图 4-38 所示的"焊盘"对话框，在"网络"区进行设置。本例中焊盘是手工放置的，所以"网络"下拉列表框中显示为"Not Net"（无网络），单击"Net"栏后的下拉列表框，选择"NetC1_2"，单击"确认"按钮完成焊盘的网络设置。

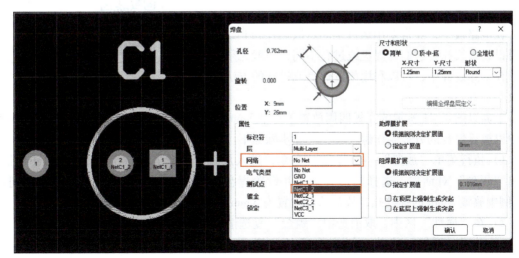

图 4-38 设置焊盘网络

在交互式布线中，必须对独立焊盘进行网络设置，这样才能进行布线。焊盘网络的设置必须根据原理图进行，本例中的 6 个独立焊盘均需设置网络，设置焊盘网络后的 PCB 如图 4-39 所示。

6. 放置过孔

过孔用于连接不同层上的印制导线，过孔有 3 种类型，分别是通透式（Thru hole）、隐藏式（Buried）和半隐藏式（Blind）。通透式过孔导通底层和顶层，隐藏式过孔导通相邻内部层，半隐藏式过孔导通表面层与相邻的内部层。

执行菜单"放置"→"过孔"命令或用单击"放置"工具栏上按钮，进入放置过孔状态，移动光标到合适位置后单击，放下一个过孔，此时仍处于放置过孔状态，可继续放置过孔。

在放置过孔状态下，按下键盘的〈Tab〉键，弹出图 4-40 所示的"过孔"对话框，可以设置孔径、直径、过孔起始层和终止层及过孔所在网络等。

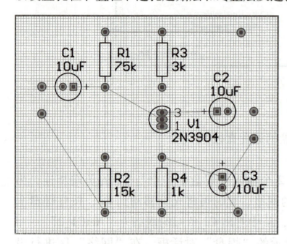

图 4-39　设置焊盘网络后的 PCB

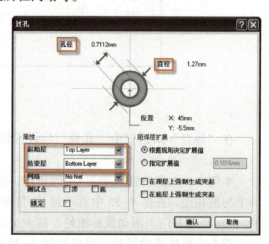

图 4-40　"过孔"对话框

本例中由于是单面 PCB 设计，无须使用过孔。

4.3.7　制作螺纹孔

4.3.7　制作螺纹孔

在电路板中，经常要用螺钉来固定散热片和 PCB，所以需要设置螺纹孔。它们与焊盘或过孔不同，一般无须导电部分。在实际设计中，可以利用放置焊盘或过孔的方法来制作螺纹孔。

下面以图 4-41 所示的在板四周放置了 4 个 3mm 螺纹孔为例介绍螺纹孔的制作过程，本例中以放置焊盘的方式制作螺纹孔，具体步骤如下。

1）执行菜单"放置"→"焊盘"命令，进入放置焊盘状态，按下键盘的〈Tab〉键，弹出"焊盘"对话框，选择圆形焊盘，并设置焊盘尺寸的 X、Y 值和通孔尺寸为相同值（本例中放置 3mm 的螺纹孔，故数值都设置为 3mm），目的是不要表层铜箔。

2）在"属性"区中，取消选中"镀金"复选框，目的是取消在孔壁上的铜。

3）关闭对话框，移动光标到合适的位置单击放置焊盘，此时放置的就是一个螺纹孔。

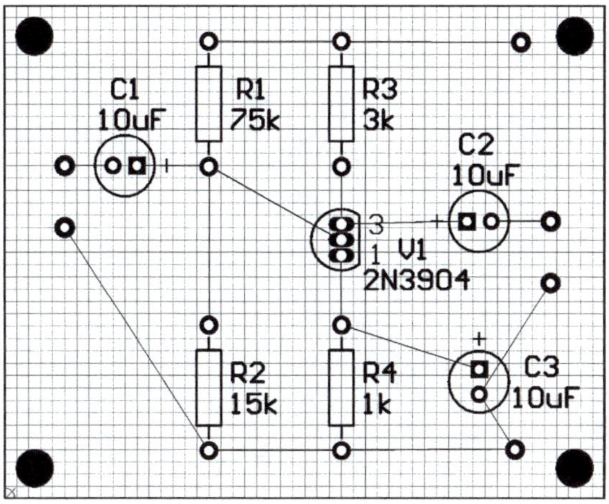

图 4-41　放置螺纹孔后的 PCB

螺纹孔也可以通过放置过孔的方法来制作，具体步骤与利用焊盘方法相似，只要在"过孔"对话框中设置直径和孔径为相同值即可。

4.3.8　3D 预览

Protel DXP 2004 SP2 提供有 3D 预览功能，可以在电脑上直接预览 PCB 的设计效果，根据预览的情况可以重新调整元器件布局。3D 预览是以系统默认的 PCB 的形状进行显示的，为保证 3D 预览的效果，一般要将 PCB 的形状定义与电气边框一致。

执行菜单"设计"→"PCB 形状"→"重新定义 PCB 形状"命令，出现"十"字光标，移动光标到电气边框的顶点，单击确定起点，依次移动到电气边框的其他顶点单击确定画线，根据电气边框重新定义与电气边框相同的 PCB 形状。

PCB 形状设计完毕就可以开始显示 3D 印制板。

执行菜单"查看"→"显示三维 PCB"命令，对电路板进行 3D 预览，系统自动产生 3D 预览文件，如图 4-42 所示，图中晶体管 V1 在 PCB 3D 库中没有元件模型，故未显示晶体管的 3D 图形。

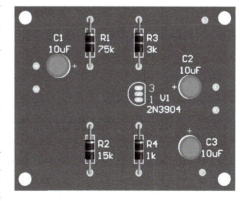

图 4-42　调整好布局的 3D 预览图

单击工作区面板的"PCB 3D"标签打开 PCB 3D 面板，在"显示"区选中"元件"复选框显示元器件，选中"丝印层"复选框显示丝印层，选中"铜"复选框显示覆铜层，选中"文本"复选框显示标注文字，选中"电路板"复选框显示电路板。拖动视图小窗口的坐标轴可以旋转 PCB 的 3D 视图，如图 4-43 所示。

拖动视窗小窗口的坐标轴时，为保证工作区中的 3D 视图不变形，一般要选中"介绍"区的"轴约束"复选框。

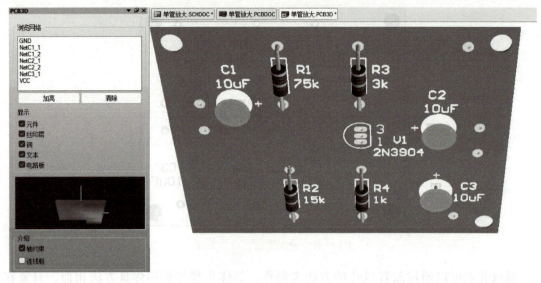

图 4-43　3D 显示控制

4.3.9　手工布线

图 4-41 中元器件之间通过网络飞线连接，网络飞线不是实际连线，它只是表示了哪些焊盘的网络是相同的，它们之间必须连接在一起，在进行布线时必须用印制导线将其相连。

4.3.9　手工布线

在 PCB 设计中有两种布线方式，可以通过执行菜单"放置"→"直线"命令进行布线，或执行菜单"放置"→"交互式布线"命令进行交互式布线。前者一般用于没有加载网络的线路连接，后者用于有加载网络的线路连接。

1. 设置工作层

执行菜单"设计"→"PCB 层次颜色"命令，弹出"板层和颜色"对话框，选中要设置为显示状态的工作层的"表示"复选框。

本例中采用单面布线，元器件采用通孔式，故选中 Bottom Layer（底层）、Top Overlay（顶层丝网层）、Keep-out Layer（禁止布线层）及 Multi-Layer（焊盘多层）。

PCB 单面布线的布线层为 Bottom Layer，故在工作区的下方单击 "Bottom Layer" 标签，将工作层设置为 Bottom Layer，以便在其上进行布线。

2. 为手工布线设置网格

在进行手工布线时，如果网格的设置不合理，布线可能出现锐角，或者印制导线无法连接到焊盘中心，因此必须合理地设置捕获网格尺寸。

设置捕获网格尺寸可以在电路工作区中单击鼠标右键，在弹出的菜单中选择"捕获网格"子菜单，从中可以选择捕获网格尺寸，本例中选择 0.500 mm。

3. 布线的基本方法

执行菜单"放置"→"直线"或单击 ╱ 按钮，进入放置 PCB 导线状态，系统默认放置线宽为 10 mil 的连线，若在放置连线的初始状态时，单击键盘上的〈Tab〉键，弹出如图 4-44 所示的"线约束"对话框，在其中可以修改线宽和线的所在层。修改线宽后，其后均按此线宽放置导线。

单击定下印制导线起点，移动光标，拉出一条线，到需要的位置后再次单击，即可定下一条印制导线，若要结束连线，则右击。此时光标上还呈现"十"字，表示依然处于连线状态，可以再决定另一个线条的起点，如果不再需要连线，再次右击结束连线操作，如图4-45所示。

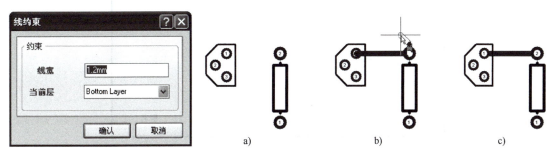

图 4-44 "线约束"对话框

图 4-45 连线示意图
a) 连线前 b) 连线后，光标上继续连着线条 c) 完成连线的线条

在放置印制导线过程中，同时按下〈Shift+Space〉键，可以切换印制导线转折方式，共有6种，分别是任意角度、90°、圆弧角、1/4圆弧、45°和弧线，如图4-46所示。

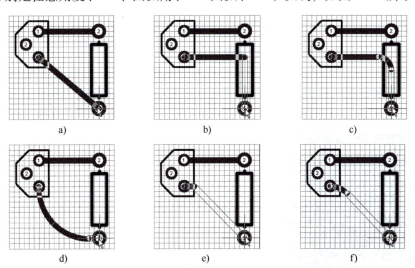

图 4-46 连线的转折方式
a) 任意角度转折 b) 90°转折 c) 圆弧角转折 d) 1/4圆弧转折 e) 45°转折 f) 弧线转折

4. 编辑印制导线属性

双击PCB中的印制导线，弹出图4-47所示的"导线"对话框，在其中可以修改印制导线的属性。

图中，"网络"下拉列表框用于选择印制导线所属的网络，图中选择"VCC"；"层"下拉列表框设置印制导线所在层，本例为单面板，选择"Bottom Layer"；"宽"栏设置印制导线的线宽，图中设置为"1.2mm"。所有设置修改完毕，单击"确认"按钮，关闭对话框完成设置。

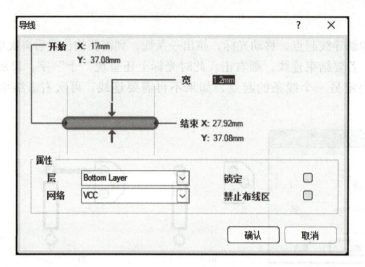

图 4-47 "导线"对话框

5. 通过"放置"→"直线"命令布线

通过"放置"→"直线"命令放置的印制导线可以放置在 PCB 的信号层和非信号层上，当放置在信号层上时，就具有电气特性，称为印制导线；当放置在其他层时，代表无电气特性的绘图标志线。

在 Protel DXP 2004 SP2 中，系统设置了在线 DRC 检查，默认布线必须有网络信息，当连线缺少网络信息时将高亮显示，提示连线错误。

通过"放置"→"直线"命令放置的连线由于不具备网络，所以系统的 DRC 自动检查会高亮显示，提示该连线错误。消除此错误的方法是双击该连线，将其网络设置为当前与之相连的焊盘上的网络，如图 4-48 所示。

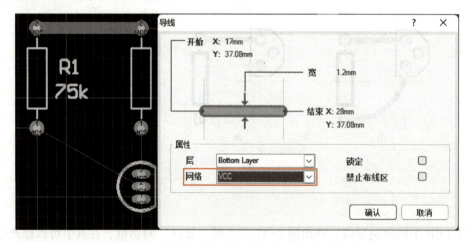

图 4-48 放置走线方式布线存在问题与解决方法

6. 交互式布线

本例中的 PCB 采用单面板设计，元器件焊盘带有网络，所以采用"放置"→"交互式布线"命令或单击 按钮的方式进行线路连接，布线层选择为 Bottom Layer（底层），印制导线的线宽设置为 1.2 mm。

(1) 线宽限制规则设置

交互式布线的线宽是由线宽限制规则设定的，可以设置最小宽度、最大宽度和首选宽度，设置完成后，线宽只能在最小宽度和最大宽度之间进行切换。布线时，系统默认以首选宽度进行布线。

执行菜单"设计"→"规则"命令，弹出"PCB规则和约束编辑器"对话框，选中"Routing"选项下的"Width"，设置线宽限制规则，如图4-49所示。可以在对应工作层中设置"Min Width"（最小宽度）、"Preferred Width"（优选宽度）和"Max Width"（最大宽度），其中优选宽度即为进入连线状态时系统默认的线宽，本例中由于是单面板，故需定义线宽的工作层为Bottom Layer，最小宽度为1mm、优选宽度为1.2mm、最大宽度为1.2mm。

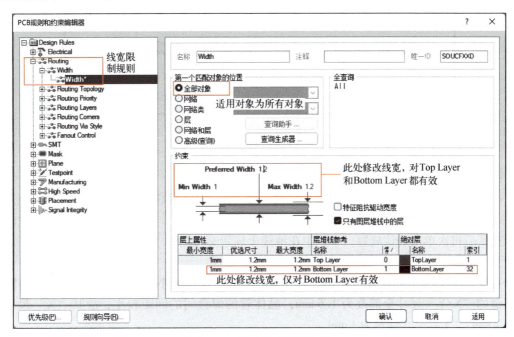

图4-49　设置线宽限制规则

该规则中还可以设置规则适用的范围，本例选中"全部对象"单选项，适用于所有对象。

(2) 更改连线宽度

在放置连线过程中如果要更改连线宽度，可以在连线状态按下键盘的〈Tab〉键，弹出"交互式布线"对话框，其中"Trace Width"可以设置线宽，"层"可以设置连线所在的工作层，如图4-50所示。

线宽设置一般不能超过前面设置的范围，超过上限值，系统自动默认为最大线宽；低于下限值，系统自动默认为最小线宽。

(3) 交互式布线

执行菜单"放置"→"交互式布线"命令进行布线。本例中，由于晶体管的焊盘间距较小，故基极采用1.0mm线宽布线，其余连线均采用1.2mm线宽布线，手工布线后的PCB如图4-51所示。

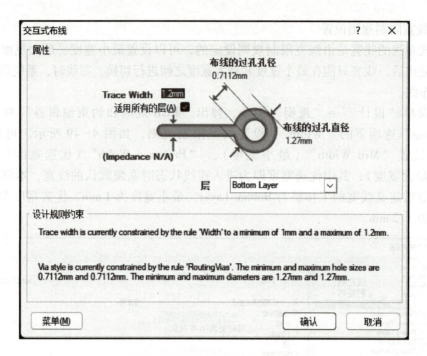

图 4-50 "交互式布线"对话框

7. 放置填充区

在印制板设计中,一般地线要加宽一些。加宽地线可以执行菜单"放置"→"矩形填充"命令,在相应地线位置单击定义矩形填充区的起始位置,移动光标拉出一个合适的矩形填充区后再次单击确认放置。本例中在地线上放置高度为 2.5mm 的填充区,并将其网络设置为 GND。

在 PCB 设计中一般要求焊盘要比连线宽,本例中焊盘偏小,可以通过全局修改将阻容的焊盘的"X/Y"尺寸全部改为 1.6mm;晶体管的焊盘间的间距较小,故其"X"尺寸设置为 2mm,"Y"尺寸设置为 1mm。

放置填充、修改焊盘并减小标注文字尺寸后的 PCB 如图 4-52 所示,至此单管放大电路 PCB 设计完毕。

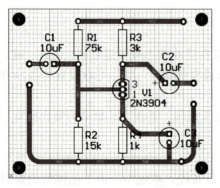

图 4-51 手工布线后的 PCB

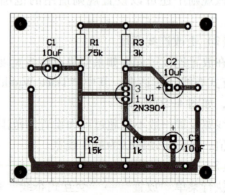

图 4-52 调整后的 PCB

技能实训 6　单管放大电路 PCB 设计

1. 实训目的

1）掌握 PCB 设计的基本操作。

2）初步掌握电路板布线的基本方法。

2. 实训内容

1）启动 Protel DXP 2004 SP2，新建项目并另存为"单管放大电路.PrjPcb"，新建原理图文件并另存为"单管放大电路.SchDoc"。

2）参考图 4-18 绘制原理图，其中电阻的封装选择 AXIAL-0.4，电解电容的封装选择 CAPPR2-5x6.8，晶体管的封装选择 BCY-W3/E4，绘制完毕保存文件。

3）新建 PCB 文件并另存为"单管放大.PcbDoc"。

4）设置单位制。执行菜单"设计"→"PCB 选择项"命令，设置单位制为 Metric（公制）；设置可视网格 1、2 分别为 1 mm 和 10 mm；捕获网格 X、Y 和元件网格 X、Y 均为 0.5 mm；电气网格为 0.25 mm。

5）载入元器件库 Miscellaneous Device.IntLib。

6）执行菜单"设计"→"PCB 层次颜色"命令，设置显示可视网格 1（Visible Grid1）。

7）执行菜单"工具"→"优先设定"命令，弹出"优先设定"对话框，选中"Display"选项，在"表示"区选中"原点标记"复选框，显示坐标原点。

8）执行菜单"编辑"→"原点"→"设定"命令，在图纸左下角定义相对坐标原点。

9）将当前工作层设置为 Keep Out Layer，执行菜单"放置"→"直线"命令，绘制一个闭合的 50 mm×40 mm 矩形框完成电气轮廓设计，绘制完成保存 PCB 文件。

10）在原理图编辑器中执行菜单"项目管理"→"Compile PCB Project 单管放大.PrjPcb"命令，对原理图进行编译检查。在检查无原则性错误的前提下执行菜单"设计"→"Update PCB Document 单管放大.PcbDoc"命令，载入网络表和元器件封装。若有提示错误，返回原理图解决错误后重新加载。

11）参考图 4-34 进行元器件布局。

12）参考图 4-35 进行元器件标注文字调整。

13）执行菜单"查看"→"显示三维 PCB"命令，对电路板进行 3D 预览，判断布局是否合理。

14）参考图 4-39 放置输入、输出及电源的连接焊盘并设置相应的网络。

15）参考图 4-41 在 PCB 的四周放置 4 个 3 mm 的焊盘。

16）执行菜单"设计"→"规则"命令，在弹出的对话框选中"Routing"选项下的"Width"，设置线宽限制规则为最小宽度 1 mm、优选宽度 1.2 mm、最大宽度 1.2 mm。

17）修改焊盘尺寸。采用全局修改将阻容焊盘的"X-尺寸"、"Y-尺寸"全部改为 1.6 mm；晶体管焊盘的"X-尺寸"设置为 2 mm，"Y-尺寸"设置为 1 mm。

18）执行菜单"放置"→"交互式布线"命令，参考图 4-51 进行交互式布线，晶体管基极采用 1.0 mm 线宽布线，其余采用 1.2 mm 线宽布线。

19）参考图4-52放置高2.5mm的接地矩形填充区。
20）保存文件完成设计并退出。

3. 思考题

1）设计单面板时应如何设置板层？
2）过孔与焊盘有何区别？
3）采用"放置"→"直线"命令进行布线与采用"放置"→"交互式布线"命令进行布线有何区别？
4）用小键盘上的〈*〉键和〈+〉键进行工作层切换有何区别？

思考与练习

1. 如何设置单位制？
2. 如何设置网格尺寸？
3. 如何设置板层的颜色？
4. 如何进行工作层间的切换？如何使用快捷键切换各工作层？
5. 如何进行印制板规划？
6. 如何进行切板？
7. 如何设置元器件的旋转角度为45°？
8. 如何关闭自动滚屏功能？
9. 焊盘和过孔有何区别？
10. 根据如图4-53所示的混频电路制作单面PCB。

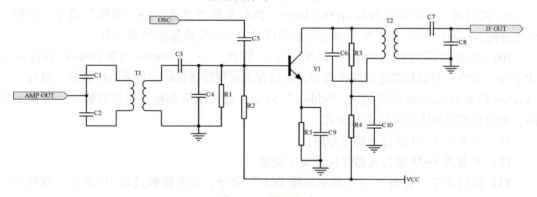

图4-53 混频电路

11. 如何加粗印制板的底层上的所有印制导线？
12. 如何放置矩形填充区？

项目 5　元器件封装设计

知识与能力目标
1）认知元器件封装
2）掌握元器件封装向导的使用
3）掌握手工设计元器件封装的方法
4）学会排除封装设计中的错误

素养目标
1）培养学生建立标准意识和规范意识
2）培养学生大国工匠精神

PCB 元器件封装通常称为封装形式（Footprint），简称封装。PCB 封装实际上就是由元器件外观和元器件引脚组成的图形，它们大都由两部分组成，即外形轮廓和元器件引脚，它们仅仅是空间上的概念。外形轮廓在 PCB 上是以丝网的形式体现，元器件引脚在 PCB 上是以焊盘的形式体现，因此各引脚的间距就决定了该元器件相应焊盘的间距，这与原理图中元器件图形的引脚是不同的。例如：一个 1/8 W 的电阻与一个 1 W 的电阻在原理图中的元器件图形是没有区别的，而在 PCB 中，却有外形轮廓的大小和焊盘间距的大小区别。

设计印制电路板需要用到元器件的封装，虽然 Protel DXP 2004 SP2 中提供了大量的元器件集成库和元器件封装库，但随着电子技术的迅速发展，新型元器件层出不穷，元器件库不可能全部包容，这就需要用户自己设计元器件的封装。

任务 5.1　认知元器件封装

5.1　认知元器件封装

1. 设计元器件封装前的准备工作

在设计封装之前，首先要做的准备工作是收集元器件的封装信息。封装信息主要来源于厂家提供的用户手册，如果没有用户手册，可以上网查找元器件信息，一般通过访问该元器件的厂商或供应商网站可以获得相应信息，也可以通过搜索引擎进行查找。

如果有些元器件找不到相关资料，则只能依靠实际测量，一般需要配备游标卡尺，测量时要准确，特别是引脚间距。元器件封装的轮廓设计和引脚焊盘间的位置关系必须严格按照实际的元器件尺寸进行设计，否则在装配电路板时可能因焊盘间距不正确而导致元器件不能安装到电路板上，或者因为外形尺寸不正确，而使元器件之间发生相互干涉。若元器件的外形轮廓画得太大，浪费了 PCB 的空间；若画得太小，元器件则可能无法安装。

相同的元器件封装只代表了元器件的外观是相似的，焊盘数目是相同的，但并不意味着可以简单互换。如晶体管 2N3904，它既有通孔的，也有贴片的，引脚排列有 EBC 和 ECB 两种，显然在 PCB 设计时，必须根据使用的管型选择所用的封装类型，否则会出现引脚错误问题，如图 5-1 所示。

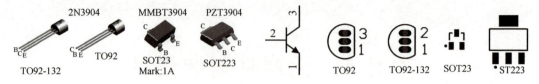

图 5-1 2N3904 的封装使用

在 PCB 设计中,封装的选用不能局限于系统提供的库,实际应用时经常根据 PCB 的具体要求自行设计元器件封装。如电阻的封装,库中提供的 AXIAL-0.3~AXIAL-1.0 都是卧式封装,有些 PCB 中为节省空间,可以采用立式封装,则需自行设计,一般间距为 100 mil,可命名为 AXIAL-0.1。

2. 常用元器件及其封装

元器件种类繁多,对应的封装复杂多样。对于同种元器件可以有多种不同的封装,不同的元器件也可以采用相同的封装,因此在选用封装时要根据实际情况进行选择。

(1) 固定电阻

固定电阻的封装尺寸主要取决于其额定功率及工作电压等级,这两项指标的数值越大,电阻的体积就越大。电阻常见的封装有通孔和贴片两类,如图 5-2 所示。

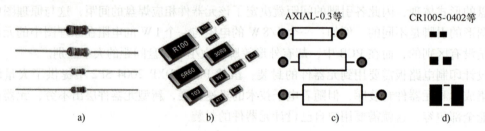

图 5-2 固定电阻的外观与封装
a) 通孔电阻 b) 贴片电阻 c) 通孔封装 d) 贴片封装

在 Protel DXP 2004 SP2 中,通孔电阻封装常用 AXIAL-0.3~AXIAL-1.0,贴片电阻封装常用 CR1005-0402~CR6332-2512。

(2) 二极管

常见的二极管的尺寸大小主要取决于额定电流和额定电压,从微小的贴片式、玻璃封装、塑料封装到大功率的金属封装,尺寸相差很大,如图 5-3 所示。

图 5-3 二极管的外观与封装
a) 通孔二极管 b) 贴片二极管 c) 通孔封装 d) 贴片封装

在 Protel DXP 2004 SP2 中,通孔二极管封装常用 DIODE-0.4、DIODE-0.7 等,贴片二极管封装常用 INDC1005-0402L~INDC4510-1804。

(3) 发光二极管与 LED 七段数码管

发光二极管与 LED 数码管主要用于状态显示和数码显示,其封装差别较大,若不能满足实际需求,则需要自行设计,常用外观如图 5-4 所示。

图 5-4　发光二极管和 LED 七段数码管的外观
a) 通孔发光二极管　b) 贴片发光二极管　c) LED 数码管

在 Protel DXP 2004 SP2 中,通孔发光二极管封装常用 LED-0、LED-1;贴片发光二极管封装常用 SMD_LED、DSO-C2/D5.6~DSO-F4/E3.2 等;数码管的封装常用 LEDDIP-10(14)~LEDDIP-9(10)/C7.62 等,如图 5-5 所示。

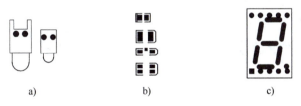

图 5-5　发光二极管和 LED 数码管的常用封装
a) 通孔发光二极管　b) 贴片发光二极管　c) LED 数码管

(4) 电容

电容主要参数为容量及耐压,对于同类电容而言,体积随着容量和耐压的增大而增大,常见的外观为圆柱形、扁平形和方形,常用的封装有通孔和贴片,电容的外观如图 5-6 所示。

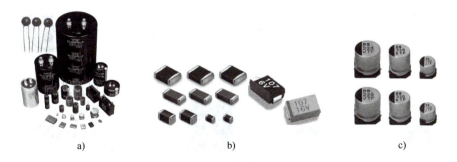

图 5-6　电容的外观
a) 通孔电容　b) 贴片钽电容和无极性电容　c) 贴片电解电容

在 Protel DXP 2004 SP2 中,通孔圆柱形极性电容封装常用 RB7.6-15、CAPPR1.27-1.78×4.06~CAPPR7.5-18×9.8,方形极性电容封装常用 CAPPA14.05-10.5×6.3~CAP-PA57.3-51×30.5,圆柱形无极性电容封装常用 RB.7-10.54、CAPNR2-5×11~CAPNR7.5-18×35.5 等,无极性方形电容封装常用 RAD-0.1~RAD-0.4;贴片电容封装常用 CC1405-

0402~CC7238-2815 等，如图 5-7 所示（图中 * 代表字母或数字，下同）。

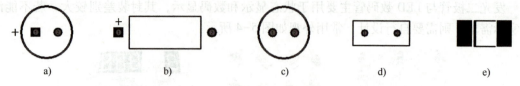

图 5-7 电容的常用封装
a) CAPPR*-*×* b) CAPPA*-*×* c) CAPNP*-*×* d) RAD-0.1 等 e) CC1005-0402 等

(5) 晶体管/场效应管/晶闸管

晶体管/场效应管/晶闸管同属于三极管，其外形尺寸与器件的额定功率、耐压等级及工作电流有关。常用的封装有通孔和贴片两种方式，常见外观如图 5-8 所示。

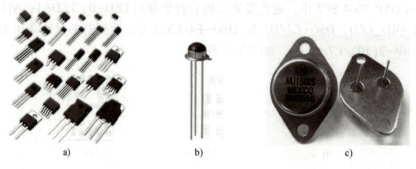

图 5-8 晶体管/场效应管/晶闸管的外观
a) 晶体管的外观 b) 场效应管的外观 c) 晶闸管的外观

在 Protel DXP 2004 SP2 中，通孔晶体管/场效应管/晶闸管封装常用 BCY-W3/*、TO-92、TO-39、TO-18、TO-52、TO-220、TO-3；贴片封装常用 SOT*、SO-F*/*、SO-G3/*、TO-263、TO-252、TO-368 等，如图 5-9 所示。

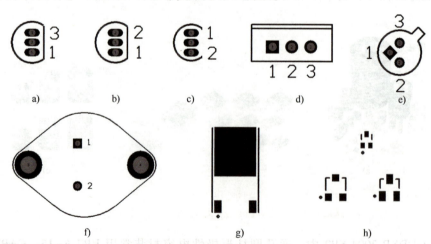

图 5-9 晶体管/场效应管/晶闸管的常用封装
a) BCY-W3 等 b) BCY-W3/132 c) BCY-W3/231 d) TO-220 等 e) TO-39 等
f) TO-3 g) TO-263 等 h) SOT23 等

(6) 集成电路

集成电路是电路设计中常用的一类元器件，其品种丰富、封装形式也多种多样。在 Protel DXP 2004 SP2 的集成库中包含了大部分集成电路的封装，以下介绍几种常用的封装。

1) DIP（双列直插式封装）。

DIP 为目前比较普及的集成块封装形式，引脚从封装两侧引出，贯穿 PCB，在底层进行焊接，封装材料有塑料和陶瓷两种。一般引脚中心间距 100mil，封装宽度有 300mil、400mil 和 600mil 三种，引脚数为 4~64，封装名一般为 DIP-* 或 DIP*。制作时应注意引脚数、同一列引脚的间距及两排引脚间的间距等。如图 5-10 所示为 DIP 元器件外观与常用封装。

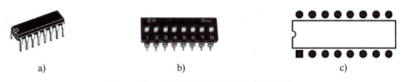

图 5-10 DIP 元器件外观与常用封装
a) DIP 元器件 b) DIP 开关 c) DIP 封装

2) SIP（单列直插式封装）。

SIP 封装的引脚从封装的一侧引出，排列成一条直线，一般引脚中心间距 100mil，引脚数为 2~23，封装名一般为 SIP-* 或 SIP*。如图 5-11 所示为 SIP 元器件外观与常用封装。

图 5-11 SIP 元器件外观与常用封装
a) SIP 元器件 b) SIP 封装

3) SOP（双列小贴片封装，也称 SOIC）。

SOP 是一种贴片的双列封装形式，引脚从封装两侧引出，呈 L 字形，封装名一般为 SOP-*、SOIC*。几乎每一种 DIP 封装的芯片均有对应的 SOP 封装，与 DIP 封装相比，SOP 封装的芯片体积大大减少。如图 5-12 所示为 SOP 元器件外观与常用封装。

4) PGA（引脚网格阵列封装）、SPGA（错列引脚网格阵列封装）。

PGA 是一种传统的封装形式，其引脚从芯片底部垂直引出，且整齐地分布在芯片四周，早期的 80X86CPU 均是使用这种封装形式。SPGA 与 PGA 封装相似，区别在于其引脚排列方式为错开排列，利于引脚出线，封装名一般为 PGA*。如图 5-13 所示为 PGA 元器件外观及 PGA、SPGA 封装。

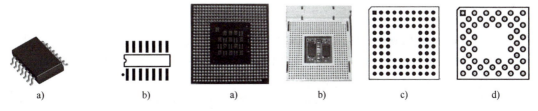

图 5-12 SOP 元器件外观与常用封装
a) SOP 元器件 b) SOP 封装

图 5-13 PGA 元器件外观与常用封装
a) PGA 元器件 b) PGA 底座 c) PGA 封装 d) SPGA 封装

5) PLCC（无引出脚芯片封装）。

PLCC 是一种贴片式封装，这种封装的芯片的引脚在芯片的底部向内弯曲，紧贴于芯片体，从芯片顶部看下去，几乎看不到引脚，如图 5-14 所示，封装名一般为 PLCC＊。

PLCC 这种封装方式节省了 PCB 制板空间，需要采用回流焊工艺，使用专用的设备。

6) QUAD（方形贴片封装）。

QUAD 为方形贴片封装，与 PLCC 封装类似，但其引脚没有向内弯曲，而是向外伸展，焊接比较方便。封装主要包括 PQFP＊、TQFP＊及 CQFP＊等，如图 5-15 所示。

图 5-14　PLCC 元器件外观与常用封装　　　　图 5-15　QUAD 元器件外观与常用封装
　　a) PLCC 元器件　b) PLCC 封装　　　　　　　a) QUAD 元器件　b) QFP 封装

7) BGA（球形网格阵列封装）。

BGA 为球形网格阵列封装，与 PGA 类似，主要区别在于这种封装中的引脚只是一个焊锡球状，焊接时熔化在焊盘上，无须打孔，如图 5-16 所示。同类型封装还有 SBGA，与 BGA 的区别在于，SBGA 的引脚排列方式为错开排列，利于引脚出线。BGA 封装主要包括 BGA＊、FBGA＊、E-BGA＊、S-BGA＊及 R-BGA＊等。

图 5-16　QUAD 元器件外观与常用封装
a) BGA 元器件　b) BGA 封装

任务 5.2　采用封装向导方式设计元器件封装

5.2　采用封装向导方式设计元器件封装

元器件封装有标准封装和非标准封装之分，标准封装可以采用封装向导进行设计，非标准封装则通过手工测量进行设计。

5.2.1　创建 PCB 元器件库

进入 Protel DXP 2004 SP2，建立 PCB 项目文件，执行菜单"文件"→"创建"→"库"→"PCB 库"命令，打开 PCB 库编辑窗口，如图 5-17 所示。工作区面板中自动生成一个名为"PcbLib1.PcbLib"的元器件封装库。

单击工作区面板下方的"PCB Library"标签，打开"PCB Library"元器件库管理窗口，如图 5-18 所示，图中显示系统已经自动新建了一个名为 PCBCOMPONENT_1 的元器件。

项目 5　元器件封装设计

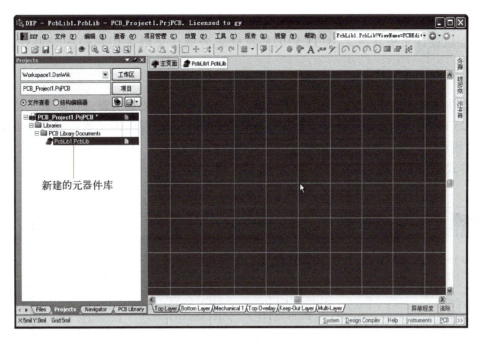

图 5-17　PCB 库编辑窗口

选中元器件 PCBCOMPONENT_1，执行菜单"工具"→"元件属性"命令，弹出"PCB 库元件"对话框，可以修改元器件封装的名称，如图 5-19 所示。

图 5-18　元器件库管理窗口

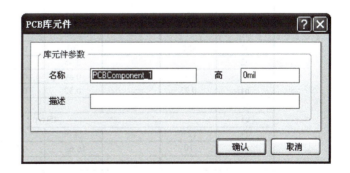

图 5-19　"PCB 库元件"对话框

5.2.2　采用元器件封装向导设计 TEA2025 的封装

在元器件封装设计中，外形轮廓一般用几何绘图工具在顶层丝印层（Top Overlay）绘制，元器件引脚焊盘则与元器件的装配方法有关，对于贴片元器件，焊盘应在顶层（Top Layer）绘制；对于通孔元器件，焊盘则应在多层（Multi Layer）绘制。

Protel DXP 2004 SP2 中提供了封装向导，常见的标准封装都可以通过这个工具来设计。下面以设计集成功放芯片 TEA2025 的封装为例，介绍采用封装向导制作封装的方法。

1. 查找 TEA2025 的封装信息

元器件封装信息可以通过元器件手册查找，也可以通过搜索引擎进行搜索，关键词为"TEA2025 PDF"。搜索到元器件信息后，打开文档从中可以看出该元器件的封装类型，如图 5-20 所示，该元件有两种封装形式，即双列直插式（DIP）16 脚和双列贴片式（SO）20 脚，贴片式芯片比双列直插式芯片多 4 个接地引脚。

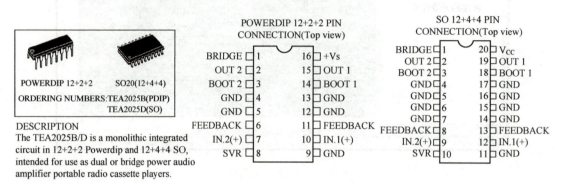

图 5-20　TEA2025 的两种封装形式

2. 使用封装向导绘制双列贴片式封装 SO20

TEA2025 贴片式封装信息如图 5-21 所示，从图中可以了解到元器件封装的具体尺寸，设计时要根据图中的参数和实际情况选择尺寸。

SO20 PACKAGE MECHANICAL DATA

DIM.	mm			inch		
	MIN.	TYP.	MAX.	MIN.	TYP.	MAX.
A			2.65			0.104
a1	0.1		0.3	0.004		0.012
a2			2.45			0.096
b	0.35		0.49	0.014		0.019
b1	0.23		0.32	0.009		0.013
C		0.5			0.020	
c1			45(typ.)			
D	12.6		13.0	0.496		0.512
E	10		10.65	0.394		0.419
e		1.27			0.050	
e3		11.43			0.450	
F	7.4		7.6	0.291		0.299
L	0.5		1.27	0.020		0.050
M			0.75			0.030
S			8(max.)			

图 5-21　TEA2025 贴片式封装信息

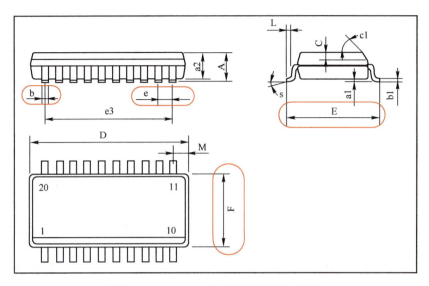

图 5-21　TEA2025 贴片式封装信息（续）

本例中，双列贴片封装的焊盘形状为矩形，焊盘尺寸选择 2.2 mm×0.6 mm，略大于图中的 0.49 mm，主要是为了元器件更易贴放；相邻焊盘间距为 1.27 mm，两排焊盘中心间距为 9.3 mm。

1）进入 PCB 元器件库编辑器后，执行菜单"工具"→"新元件"命令，弹出"元件封装向导"对话框，如图 5-22 所示，单击"下一步"按钮，进入封装向导并自动进入元器件封装设计；若单击"取消"按钮，则进入手工设计状态，并自动生成一个新元器件。

2）进入元件封装向导后单击"下一步"按钮，弹出如图 5-23 所示的对话框，用于选择元器件封装类型，共有 12 种供选择，包括电阻、电容、二极管、连接器及集成电路常用封装等，图中选中的为双列小贴片式元件 SOP，"选择单位"的下拉列表框用于设置单位制，本例设置为 Metric（公制，单位 mm）。

图 5-22　元件封装向导

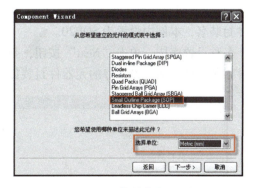

图 5-23　元件封装类型选择

3）选中元器件封装类型后，单击"下一步"按钮，弹出如图 5-24 所示的对话框，用于设定焊盘的尺寸，修改焊盘尺寸为 2.2 mm×0.6 mm。

4）定义好焊盘的尺寸后，单击"下一步"按钮，弹出如图 5-25 所示的对话框，用于设置相邻焊盘的间距和两排焊盘中心之间的距离，图中分别设置为 1.27 mm 和 9.3 mm。

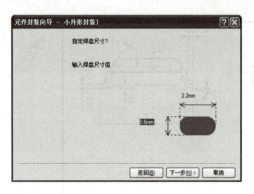
图 5-24　设置焊盘尺寸

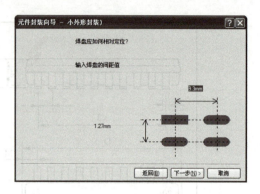
图 5-25　设置焊盘间距

5）定义好焊盘间距后，单击"下一步"按钮，弹出如图 5-26 所示的对话框，用于设置元器件轮廓宽度值，图中设置为 0.2 mm。

6）定义好轮廓宽度值后，单击"下一步"按钮，弹出图 5-27 所示的对话框，用于设置元器件的引脚数，图中设置为 20。

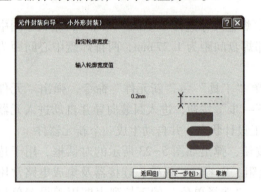
图 5-26　设置元器件轮廓宽度值

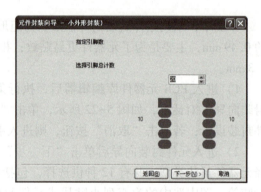
图 5-27　设置元器件引脚数

7）定义引脚数后，单击"下一步"按钮，弹出如图 5-28 所示的对话框，用于设置元器件封装名，本例中设置为 SOP20。

名称设置完毕，单击"Next"按钮，弹出设计结束对话框，单击"Finish"按钮结束元器件封装设计，显示设计好的元器件封装如图 5-29 所示。

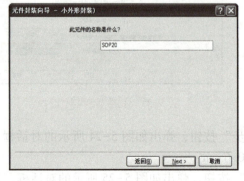
图 5-28　设置元器件封装名称

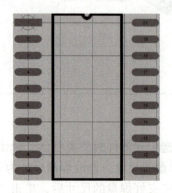
图 5-29　设计好的元器件封装

图 5-29 中的引脚 1 的焊盘为矩形，其他焊盘为圆矩形，便于装配时把握贴片的方向。

有些芯片在制作封装时焊盘全部用矩形，为了分辨引脚 1 的焊盘，要在顶层丝印层上为引脚 1 做标记，一般在其边上打点，如图 5-30 所示。

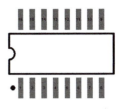

图 5-30 封装 SOP16

3. 使用封装向导绘制双列直插式封装 DIP-16

TEA2025 的 DIP 封装信息如图 5-31 所示，从图中可以看出，双列直插式封装相邻焊盘间距为 100 mil，两排焊盘间距为 300 mil，焊盘孔径选择 25 mil。

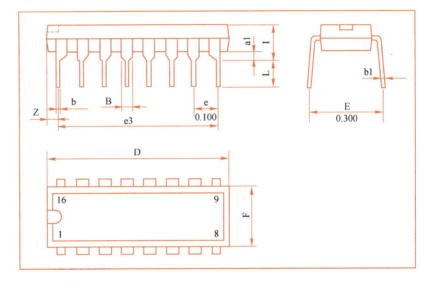

图 5-31 TEA2025 的 DIP 封装信息

采用封装向导绘制双列直插式封装 DIP-16 的方法与 SOP 封装基本相似。

1）进入封装向导后，在如图 5-23 所示的封装类型选择中选择 "Dual in-Line Package (DIP)" 基本封装。在 "选择单位" 下拉列表框中设置单位制为 Imperial（英制）。

2）选中元器件封装类型后，单击 "下一步" 按钮，弹出如图 5-32 所示的对话框，用于设定焊盘的尺寸和孔径，设置焊盘尺寸为 100 mil×50 mil，孔径为 25 mil。

3）定义好焊盘的尺寸后，单击 "下一步" 按钮，弹出 "焊盘间距设置" 对话框，用于设置相邻焊盘的间距和两排焊盘中心之间的距离，分别设置为 100 mil 和 300 mil；设置完毕单击 "下一步" 按钮，弹出 "轮廓宽度值设置" 对话框，设置轮廓宽度为 10 mil；定义好轮廓宽度值后，单击 "下一步" 按钮，弹出 "元件的引脚数设置" 对话框，设置引脚数为 16。

4）定义引脚数后，单击 "下一步" 按钮，弹出 "元件封装名设置" 对话框，设置元器件封装名为 DIP-16，设置完毕，单击 "Next" 按钮，弹出设计结束对话框，单击 "Finish" 按钮结束元件封装设计，显示设计好的元件封装如图 5-33 所示。

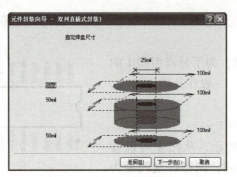

图 5-32 设置焊盘尺寸

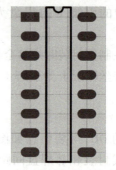

图 5-33 设计好的 DIP 封装

 经验之谈

采用"元件封装向导"可以快速设计元器件的封装,设计前一般要先了解元器件的外形尺寸,并合理选用基本封装。对于集成块应特别注意元器件的引脚间距和相邻两排引脚的间距,并根据引脚大小设置焊盘的尺寸及孔径等。

任务 5.3 采用手工绘制方式设计元器件封装

手工绘制封装方式一般用于不规则的或不通用的元器件设计。手工设计元器件封装,实际就是利用 PCB 元件库编辑器的放置工具,在工作区按照元器件的实际尺寸放置焊盘、连线等各种元器件。

下面以立式电阻和贴片晶体管为例介绍手工设计元件封装的具体方法。

5.3.1 立式电阻封装设计

5.3.1 立式电阻封装设计

立式电阻封装设计过程如图 5-34 所示,设计要求:采用通孔设计,封装名称为 AXIAL-0.1,焊盘间距为 160 mil,焊盘形状与尺寸为圆形 60 mil,焊盘孔径为 30 mil。

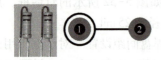  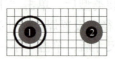 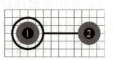

图 5-34 立式电阻封装设计过程

1)创建新的元器件封装 AXIAL-0.1。在当前元器件库中,执行菜单"工具"→"新元件"命令,弹出如图 5-22 所示的元件封装向导,单击"取消"按钮,进入手工设计状态,系统自动创建一个名为"PCBCOMPONENT_1"的新元器件封装。

执行菜单"工具"→"元件属性"命令,在弹出的对话框中将"名称"修改为"AXIAL-0.1"。

2)执行菜单"工具"→"库选择项"命令,设置文档参数,将"单位"设置为"Imperial",将"可视网格"的网格 1 设置为 5 mil、网格 2 设置为 20 mil,将"捕获网格"的

X、Y 均设置为 5 mil。

3）执行菜单"工具"→"优先设定"命令，在弹出的对话框中选择"Display"选项，选中"原点标记"复选框，设置坐标原点标记为显示状态。

4）执行菜单"编辑"→"跳转到"→"参考"命令，将光标跳回原点（0,0）。

5）放置焊盘。执行菜单"放置"→"焊盘"命令，按下〈Tab〉键，弹出"焊盘"对话框，将"X-尺寸"和"Y-尺寸"设置为 60 mil，"孔径"设置为 30 mil，焊盘的"标识符"设置为 1，其他默认，单击"确认"按钮退出对话框，将光标移动到坐标原点，单击将焊盘 1 放下，以 160 mil 为间距放置焊盘 2。

6）绘制元器件轮廓。将工作层切换到 Top Overlay，执行菜单"放置"→"圆"命令，将光标移到焊盘 1 的中心，单击确定圆心，按下〈Tab〉键，弹出"圆弧"对话框，将"半径"设置为 40 mil，"宽"设置为 5 mil，其他默认，单击"确认"按钮退出对话框，再次单击放置圆。

执行菜单"放置"→"直线"命令，如图 5-34 所示放置直线，放置后双击直线，将其"宽"设置为 5 mil，至此元器件轮廓设计完毕。

7）执行菜单"编辑"→"设置参考点"→"引脚 1"命令，将元器件的参考点设置在焊盘 1。

8）执行菜单"文件"→"保存"命令，保存当前元器件，至此立式电阻封装设计完毕。

5.3.2 贴片晶体管封装 SOT-89 设计

SOT-89 封装信息如图 5-35 所示，设计要求：采用贴片式设计，封装名称为 SOT-89，封装尺寸参考封装信息和实际器件情况，其设计过程如图 5-36 所示。

SOT-89		
Dim	Min	Max
A	1.40	1.60
B	0.44	0.62
B1	0.35	0.54
C	0.35	0.44
D	4.40	4.60
D1	1.62	1.83
E	2.29	2.60
e	1.50 Typ	
H	3.94	4.25
H1	2.63	2.93
L	0.89	1.20
All Dimensions in mm		

SOT-89
1.BASE
2.COLLECTOR
3.EMITTER

图 5-35 SOT-89 封装信息

  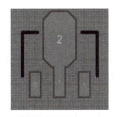 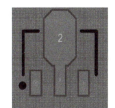

图 5-36 SOT-89 设计过程

1)创建新元器件 SOT-89。在当前元器件库下,执行菜单"工具"→"新元件"命令,弹出"元件封装向导"对话框,单击"取消"按钮,进入手工设计状态,系统自动创建一个名为"PCBCOMPONENT_1"的新元器件封装。执行菜单"工具"→"元件属性"命令,在弹出的对话框中将"名称"修改为"SOT-89"。

2)执行菜单"工具"→"库选择项"命令,设置文档参数,将"单位"设置为"Metric"(公制)。

3)执行菜单"工具"→"库选择项"命令,设置文档参数,将"可视网格"的"网格1"设置为0.1 mm、"网格2"设置为1 mm,将"捕获网格"的"X"、"Y"均设置为0.1 mm。

4)执行菜单"编辑"→"跳转到"→"参考"命令,将光标跳回原点。

5)放置贴片焊盘。执行菜单"放置"→"焊盘"命令,按下〈Tab〉键,弹出"焊盘"对话框,如图5-37所示。将焊盘的"孔径"设置为0 mm,"X-尺寸"设置为0.6 mm,"Y-尺寸"设置为1.4 mm,"形状"设置为Rectangle(矩形),"标识符"设置为1,"层"设置为Top Layer(表示顶层贴片),其他默认,设置完毕单击"确认"按钮,将光标移动到坐标原点,单击将焊盘1放下,以水平1.5 mm为间距依次放置焊盘2、焊盘3。

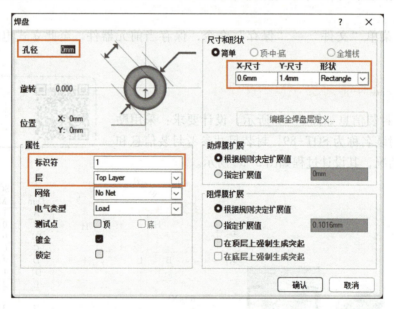

图5-37 "焊盘"对话框

6)修改焊盘2尺寸。双击焊盘2,弹出"焊盘"对话框,将"Y-尺寸"修改为1.8 mm,移动焊盘实现底边对齐。

7)放置散热用的焊盘。参考图5-36所示,在相应位置放置散热焊盘,散热用焊盘与焊盘2相连。双击该焊盘,在弹出的"焊盘"对话框中将"标识符"设置为2,将焊盘的"X-尺寸"设置为1.9 mm,"Y-尺寸"设置为3.2 mm,"形状"设置为Octagonal(八角形),设置完毕单击"确认"按钮,关闭对话框并将焊盘移动到合适的位置。

8)绘制元器件轮廓。将工作层切换到Top Overlay,执行菜单"放置"→"直线"命令,按下〈Tab〉键,弹出"导线"对话框,将"宽"设置为0.2 mm,参照图5-36所示放置直线,完成元器件轮廓绘制。

9)放置引脚 1 指示。执行菜单"放置"→"圆"命令,将光标移动到引脚 1 左侧,单击定义圆环中心,移动光标确定圆环大小,再次单击放置圆环。

10)执行菜单"编辑"→"设置参考点"→"引脚 1"命令,将元器件封装的参考点设置在焊盘 1。

11)执行菜单"文件"→"保存"命令,保存当前元器件,完成贴片晶体管封装设计。

> **经验之谈**
>
> 1. 在封装设计中要保证封装的焊盘编号与原理图元器件中的引脚一一对应。
> 2. 封装设计完毕,必须设置封装的参考点,通常设置在焊盘 1。封装的参考点是在 PCB 中放置元器件封装时光标停留的位置,若未设置参考点,可能放置元器件封装后在光标所在位置找不到元器件封装。

5.3.3 带散热片的元器件封装设计

某些元器件在使用时需要用到散热片,如大、中功率晶体管,在进行 PCB 设计时需要预留散热片的空间,为准确进行定位,可以在设计元器件封装时,直接在丝网层上确定散热片的占用范围,这样在 PCB 中放置元器件封装后,丝网层上自动为散热片预留位置。

5.3.3 带散热片的元器件封装设计

本例中以图 5-38 所示的带散热片的中功率晶体管为例,介绍带散热片的元器件封装设计。

 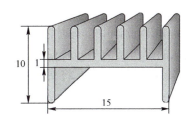

图 5-38 带散热片的中功率晶体管

设计过程如图 5-39 所示。

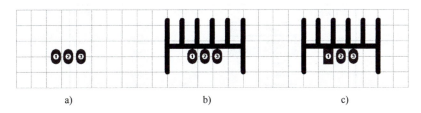

图 5-39 带散热片的中功率晶体管封装设计过程
a)以 2.5mm 为间距放置椭圆焊盘 b)绘制散热片外框 c)修改焊盘 1 为矩形

1)采用与前面相同的方法创建新元器件 TO-220 V。
2)执行菜单"工具"→"库选择项"命令,设置文档参数,将单位制设置为公制。

3) 执行菜单"工具"→"库选项"命令，设置文档参数，将"可视网格"的"网格1"设置为0.5 mm、"网格2"设置为2.5 mm，将"捕获网格"的"X""Y"均设置为0.5 mm。

4) 执行菜单"编辑"→"跳转到"→"参考"命令，将光标跳回坐标原点（0,0）。

5) 放置焊盘。执行菜单"放置"→"焊盘"命令，按下〈Tab〉键，弹出"焊盘"对话框，将焊盘的"孔径"设置为1.2 mm，"X-尺寸"设置为2 mm，"Y-尺寸"设置为3 mm，"形状"设置为Round（圆形），"标识符"设置为1，"层"设置为Multi-Layer（多层），其他默认，设置完毕单击"确认"按钮，将光标移动到原点，单击鼠标左键将焊盘1放下。以水平2.5 mm为间距放置焊盘2和焊盘3，如图5-39a所示。

6) 绘制散热片轮廓。将工作层切换到Top Overlay，执行菜单"放置"→"直线"命令，按下〈Tab〉键，弹出"导线"对话框，将"宽"设置为0.2 mm，根据图5-38所示的尺寸，参考图5-39b放置直线完成散热片轮廓设计，图中相邻直线间距3 mm。

7) 设置焊盘1的形状为矩形，以便识别。双击焊盘1，弹出"焊盘"对话框，单击"形状"后的下拉列表框，将其设置为"Rectangle"（矩形）。

8) 设置参考点为焊盘1。

9) 保存元器件封装完成设计。

任务5.4　元器件封装编辑

5.4　元器件封装编辑

元器件封装编辑，就是对已有元器件封装的属性进行修改，使之符合实际应用要求。

1. 设置底层元件

在双面以上的PCB设计中，有时需要在底层放置小型贴片元器件，而在元器件封装库中贴片元件默认的焊盘层为Top Layer，丝印层为Top Overlay，显然与底层放置的不符。此时可以通过编辑元器件封装，将焊盘层设置为Bottom Layer，丝印层将自动转换到Bottom Overlay。

在PCB设计窗口中双击要编辑的元器件封装，弹出如图5-40所示的"元件属性"对话框，在"元件属性"栏中设置"层"为Bottom Layer，设置完毕，单击"确认"按钮，系统将自动将元件的丝印层更改为Bottom Overlay。

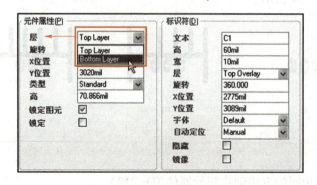

图5-40　设置底层贴片元件

2. 直接在 PCB 图中修改元器件封装的焊盘编号

在 PCB 设计中如果某些元器件的原理图中的引脚号和印制板中的焊盘编号不同，在自动布局时，这些元器件的网络飞线会丢失或出错，实际设计中可以通过直接编辑焊盘属性的方式，修改焊盘的编号来达到引脚匹配的目的。

编辑元器件封装的焊盘可以直接双击要修改编号的元器件焊盘，弹出"焊盘"对话框，在"标识符"栏中直接修改焊盘编号即可。

焊盘编号修改后需要再次加载网络表才能重新匹配引脚。

技能实训 7 元器件封装设计

1. 实训目的

1）掌握 PCB 元器件库编辑器的基本操作。

2）掌握使用 PCB 元器件库编辑器绘制元器件封装。

3）掌握游标卡尺的使用方法。

2. 实训内容

1）执行菜单"文件"→"创建"→"库"→"PCB 库"命令，建立元器件封装库 PcbLib1.PcbLib。

2）执行菜单"工具"→"元件属性"命令，在弹出的对话框中将封装名修改为 VR。

3）执行菜单"工具"→"库选择项"命令，设置文档参数，将"单位"设置为 Metric，将"可视网格"的"网格 1"设置为 1 mm、"网格 2"设置为 5 mm，将"捕获网格"的"X""Y"均设置为 1 mm。

4）利用手工绘制方法设计电位器封装。封装名为 VR，具体尺寸采用游标卡尺实测，参考点设置在引脚 1，如图 5-41 所示。

  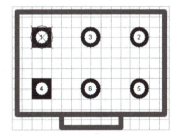

图 5-41 双联电位器封装设计

5）采用封装向导绘制 8 脚贴片 IC 封装 SOP8。执行菜单"工具"→"新元件"命令，弹出"元件封装向导"对话框。如图 5-42 所示，元器件封装的参数为：焊盘大小为 100 mil×50 mil，相邻焊盘间距为 100 mil，两排焊盘间的间距为 300 mil，线宽设置为 10 mil，封装名设置为 SOP8，设计完毕保存文件。

6）带散热片的元器件封装设计。参考图 5-38 和

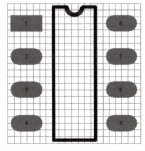

图 5-42 贴片元件封装 SOP8

图 5-39 设计带散热片的立式晶体管封装,封装名为 TO-220 V,主要参数:焊盘尺寸 2 mm× 3 mm,孔径 1.2 mm,相邻焊盘间距 2.5 mm;散热片轮廓设计在 Top Overlay,"宽"为 0.2 mm,根据图 5-38 所示的尺寸,参考图 5-39b 进行散热片轮廓设计,相邻直线间距 3 mm;参考点设置在引脚 1,设计完毕保存元器件。

7) 贴片晶体管设计。参考图 5-35 和图 5-36 设计贴片晶体管,主要参数:"层"为 Top Layer,"孔径"为 0 mm,"X-尺寸"为 0.6 mm,"Y-尺寸"为 1.4 mm,"形状"为 Rectangular(矩形),"标识符"依次为 1、2、3,相邻焊盘水平间距 1.5 mm;将焊盘 2 的"Y-尺寸"修改为 1.8 mm,移动焊盘实现底边对齐;放置散热焊盘,与焊盘 2 相连,"标识符"为 2,"X-尺寸"为 1.9 mm,"Y-尺寸"为 3.2 mm,"形状"为 Octagonal;将工作层切换到 Top Overlay,参考图 5-36 所示放置直线绘制元器件轮廓,"宽"设置为 0.2 mm;将参考点设置在引脚 1,设计完毕保存元器件。

8) 将元器件库另存为 Newlib.PcbLib。

9) 新建一个 PCB 文件,将 Newlib.PcbLib 设置为当前库,分别放置前面设计的 4 个元件,观察参考点是否符合设计要求。

3. 思考题

1) 设计印制板元器件封装时,封装的外框应放置在哪一层,为什么?
2) 如何设置元器件封装的参考点?

思考与练习

1. 元器件封装有哪两类?它们是由哪两部分组成的?其各部分的体现形式是怎样的?
2. 举例说明 PCB 封装形式的命名方法。
3. 制作一个小型电磁继电器的封装,尺寸利用游标卡尺实际测量。
4. 利用"元件封装向导"设计一个 DIP68 的集成电路封装。
5. 利用"IPC 封装向导"设计如图 5-29 所示的 SO20 封装。
6. 设计如图 5-43 所示的元器件封装 PLCC32。
7. 设计如图 5-44 所示的元器件封装 DB9RA/F。

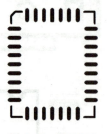

图 5-43 PLCC32

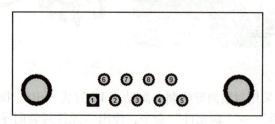

图 5-44 DB9RA/F

项目 6　低频矩形 PCB 设计——声光控节电开关

知识与能力目标
1）了解 PCB 布局、布线的一般原则
2）熟练掌握元器件封装设计方法
3）熟练掌握加载网络表和元器件封装的方法
4）掌握 PCB 布局、布线及覆铜设计方法

素养目标
1）培养学生认真负责的工作态度和安全意识
2）培养学生精益求精、勇于创新的精神

本项目以声光控节电开关为例介绍低频矩形 PCB 的设计方法，项目采用先设计原理图，然后调用网络表加载元器件封装和网络到 PCB，最后通过手工布局和交互式布线来完成设计。

任务 6.1　了解 PCB 布局、布线的一般原则

前述的 PCB 设计只是从布通导线的思路去完成整个设计，而在实际设计中 PCB 布局和布线时必须遵循一定的规则，以保证设计出的 PCB 符合机械和电气性能等方面的要求。

6.1.1　印制板布局基本原则

6.1.1　印制板布局基本原则

在 PCB 设计中应当从机械结构、散热、电磁干扰及布线的方便性等方面综合考虑元器件布局。元器件布局是将元器件在一定面积的印制板上合理地排放，它是设计 PCB 的第一步。布局是印制板设计中最耗费精力的工作，往往要经过若干次布局比较，才能得到一个比较满意的布局结果。印制板的布局是决定印制板设计是否成功和是否满足使用要求的最重要的环节之一。

一个好的布局，首先要满足电路的设计性能，其次要满足安装空间的限制，在没有尺寸限制时，要使布局尽量紧凑，减小 PCB 尺寸，以降低生产成本。

为了设计出质量好、造价低、加工周期短的印制板，印制板布局应遵循下列的基本原则。

1. 元器件排列规则

1）遵循先难后易，先大后小的原则，首先布置电路的主要集成块和晶体管的位置。

2）在通常条件下，所有元器件均应布置在印制板的同一面上，只有在顶层元器件过密时，才将一些高度有限并且发热量小的元器件，如贴片电阻、贴片电容、贴片集成电路等放在底层，如图 6-1 所示。

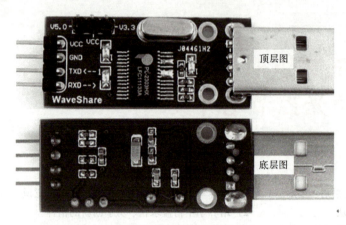

图 6-1　元器件排列图

3）在保证电气性能的前提下，元器件应放置在网格上且相互平行或垂直排列，以求整齐、美观。一般情况下不允许元器件重叠，元器件排列要紧凑，输入和输出元器件尽量远离。

4）同类型的元器件应该在 X 或 Y 方向上尽量一致；同一类型的有极性分立元器件也要力争在 X 或 Y 方向上一致，以便于生产和调试，具有相同结构的电路应尽可能采取对称布局。

5）集成电路的去耦电容应尽量靠近芯片的电源脚，以高频最靠近为原则，使之与电源和地之间形成回路最短。旁路电容应均匀分布在集成电路周围。

6）元器件布局时，使用同一种电源的元器件应考虑尽量放在一起，以便进行电源分割。

7）某些元器件或导线之间可能存在较高的电位差，应加大它们之间的距离，以免因放电、击穿引起意外短路。带高压的元器件应尽量布置在调试时手不易触及的地方。

8）位于板边缘的元器件，一般离板边缘至少两个板厚。

9）4 个引脚以上的元器件，不允许进行翻转操作，否则将导致该元器件装插时引脚号不能对应。

10）双列直插式元器件相互之间的距离要大于 2 mm，BGA 与相邻元器件之间距离大于 5 mm，阻容等贴片小元器件相互之间距离大于 0.7 mm，贴片元器件焊盘外侧与相邻通孔元器件焊盘外侧距离要大于 2 mm，压接元器件周围 5 mm 不可以放置插装元器件，焊接面周围 5 mm 内不可以放置贴片元器件。

11）元器件在整个板面上应分布均匀、疏密一致、重心平衡。

2. 按照信号走向布局原则

1）通常按照信号的流程逐个安排各个功能电路单元的位置，以每个功能电路的核心元器件为中心，围绕它进行布局，尽量减小和缩短元器件之间的引线。

2）元器件的布局应便于信号流通，使信号尽可能保持一致的方向。多数情况下，信号的流向安排为从左到右或从上到下，与输入、输出端直接相连的元器件应当放在靠近输入、输出接插件或连接器的附近。

3. 防止电磁干扰

1）对电磁场辐射较强的元器件，以及对电磁感应较灵敏的元器件，应加大它们相互之间的距离或加以屏蔽，元器件放置的方向应与相邻的印制导线交叉。

2）尽量避免高低电压元器件相互混杂、强弱信号的元器件交错布局。

3）对于会产生磁场的元器件，如变压器、扬声器、电感等，布局时应注意减少磁力线对印制导线的切割，相邻元器件的磁场方向应相互垂直，减少彼此间的耦合。

4）对干扰源进行屏蔽，屏蔽罩应良好接地。

5）在高频下工作的电路，要考虑元器件之间分布参数的影响。

6）对于存在大电流的元器件，一般在布局时应靠近电源的输入端，要与小电流电路分开，并加上去耦电路。

4. 抑制热干扰

1）对于发热的元器件，应优先安排在利于散热的位置，一般布置在 PCB 的边缘，必要时可以单独设置散热器或小风扇，以降低温度，减少对邻近元器件的影响。

2）一些功耗大的集成块、大或中功率管、电阻等元器件，要布置在容易散热的地方，并与其他元器件隔开一定距离。

3）热敏元器件应紧贴被测元器件并远离高温区域，以免受到其他发热元器件影响，引起误动作。

4）双面放置元器件时，底层一般不放置发热元器件。

5. 可调节元器件、接口电路的布局

对于电位器、可变电容器、可调电感线圈或微动开关等可调元器件的布局应考虑整机的结构要求，若是机外调节，其位置要与调节旋钮在外壳面板上的位置相适应；若是机内调节，则应放置在印制板上便于调节的地方。接口电路应置于板的边缘并与外壳面板上的位置对应，如图 6-2 所示。

图 6-2　主板接口电路布局图

6. 提高机械强度

1）要注意整个 PCB 的重心平衡与稳定，重而大的元器件尽量安置在印制板上靠近固定端的位置，并降低重心，以提高机械强度和耐振、耐冲击能力，减少印制板的负荷和变形。

2）重 15 g 以上的元器件，不能只靠焊盘来固定，应当使用支架或卡子加以固定。

3）为了缩小体积或提高机械强度，可设置"辅助底板"，将一些笨重的元器件，如变压器、继电器等安装在辅助底板上，并利用附件将其固定。

4）板的最佳形状是矩形，板面尺寸大于 200 mm×150 mm 时，要考虑板所受的机械强度，可以使用机械边框加固。

5）要在印制板上留出固定支架、定位螺孔和连接插座所用的位置，在布置接插件时，应留有一定的空间使得安装后的插座能方便地与插头连接而不至于影响其他部分。如图 6-3 所示为单片机开发板实物图。

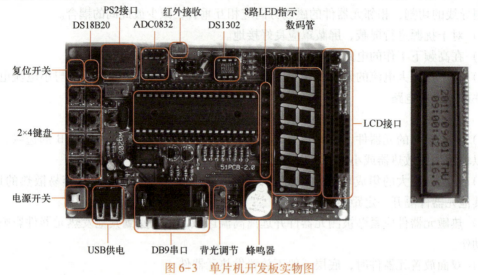

图 6-3　单片机开发板实物图

6.1.2　印制板布线基本原则

布线和布局是密切相关的两项工作，布线受布局、板层、电路结构、电气性能要求等多种因素影响，布线结果直接影响电路板性能。进行布线时要综合考虑各种因素，才能设计出高质量的 PCB，目前常用的基本布线方法如下。

6.1.2　印制板布线基本原则

1）直接布线。传统的印制板布线方法起源于最早的单面印制板。其过程为：先把最关键的一根或几根导线从始点到终点直接布设好，然后把其他次要的导线绕过这些导线布下，通用的技巧是利用元器件跨越导线来提高布线效率，布不通的线可以通过顶层短路线解决，如图 6-4 所示。

2）X-Y 坐标布线。X-Y 坐标布线指布设在印制板一面的所有导线都与印制线路板水平边沿平行，而布设在相邻一面的所有导线都与前一面的导线正交，两面导线的连接通过过孔（金属化孔）实现，如图 6-5 所示。

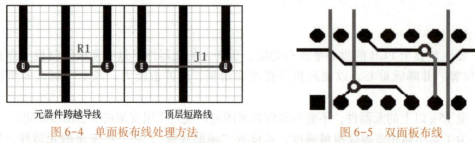

图 6-4　单面板布线处理方法　　　　图 6-5　双面板布线

为了获得符合设计要求的 PCB，在进行 PCB 布线时一般要遵循以下基本原则。

1. 布线板层选用

印制板布线可以采用单面、双面或多层，一般应首选单面，其次是双面，在仍不能满足设计要求时才考虑选用多层。

2. 印制导线宽度原则

1）印制导线的最小宽度主要由导线与绝缘基板间的黏附强度和流过它们的电流值决定。当铜箔厚度为 0.05 mm、宽度为 1~1.5 mm 时，通过 2 A 电流，温升不高于 3℃，因此一般选用导线宽度在 1.5 mm 左右完全可以满足要求，对于集成电路，尤其数字电路通常选 0.2~0.3 mm 就足够。当然只要密度允许，还是尽可能用宽线，尤其是电源和地线。

2）印制导线的电感量与其长度成正比，与其宽度成反比，因而短而宽的导线对抑制干扰是有利的。

3）印制导线的线宽一般要小于与之相连焊盘的直径。

3. 印制导线的间距原则

导线的最小间距主要由最坏情况下的线间绝缘电阻和击穿电压决定。导线越短、间距越大，绝缘电阻就越大。当导线间距为 1.5 mm 时，其绝缘电阻超过 20 M，允许电压为 300 V；间距为 1 mm 时，允许电压为 200 V，一般选用间距为 1~1.5 mm 完全可以满足要求。对集成电路，尤其数字电路，只要工艺允许可使间距很小。

4. 布线优先次序原则

1）密度疏松原则。从印制板上连接关系简单的元器件着手布线，从连线最疏松的区域开始布线。

2）核心优先原则。例如 DDR、RAM 等核心部分应优先布线，类似信号传输线应提供专层、电源、地回路，其他次要信号要顾全整体，不能与关键信号相抵触。

3）关键信号线优先。电源、模拟小信号、高速信号、时钟信号和同步信号等关键信号优先布线。

5. 信号线走线一般原则

1）输入、输出端的导线应尽量避免相邻平行，平行信号线之间尽量留有较大的间隔，最好加线间地线，起到屏蔽的作用。

2）印制板两面的导线应采用互相垂直、斜交或弯曲走线，尽量避免相互平行走线，以减少寄生耦合。

3）信号线高、低电平悬殊时，要加大导线的间距；在布线密度比较低时，可加粗导线，信号线的间距也可以适当加大。

4）尽量为时钟信号、高频信号、敏感信号等关键信号提供专门的布线层，并保证其最小的回路面积。应采取手工预布线、屏蔽和加大安全间距等方法，保证信号质量。

6. 重要线路布线原则

重要线路包括时钟、复位以及弱信号线等。

1）用地线将时钟区圈起来，时钟线尽量短；石英晶体振荡器外壳要接地；石英晶体下面以及对噪声敏感的元器件下面不要走线。

2）时钟、总线、片选信号要远离 I/O 线和接插件，时钟发生器尽量靠近使用该时钟的元器件。

3）时钟信号线最容易产生电磁辐射干扰，走线时应与地线回路相靠近，时钟线垂直于 I/O 线比平行 I/O 线时的干扰小。

4）弱信号电路、低频电路周围不要形成电流环路。

5) 模拟电压输入线、参考电压端一定要尽量远离数字电路信号线，特别是时钟信号线。

7. 地线（公共线）布设原则

1) 一般将公共地线布置在印制板的边缘，便于印制板安装在机架上，也便于与机架地相连接。印制地线与印制板的边缘应留有一定的距离（不小于板厚），这不仅便于安装导轨和进行机械加工，而且还能提高绝缘性能。

2) 在印制电路板上应尽可能多地保留铜箔做地线，这样传输特性和屏蔽作用将得到改善，并且起到减少分布电容的作用。地线（公共线）不能设计成闭合回路，在低频电路中一般采用单点接地；在高频电路中应就近接地，而且要采用大面积接地方式。

3) 印制板上若装有大电流器件，如继电器、扬声器等，它们的地线最好要分开独立走，以减少地线上的噪声。

4) 模拟电路与数字电路的电源、地线应分开排布，这样可以减小模拟电路与数字电路之间的相互干扰。为避免数字电路部分电流通过地线对模拟电路产生干扰，通常采用地线割裂法使各自地线自成回路，然后再分别接到公共的一点上。如图 6-6 所示，模拟地平面和数字地平面是两个相互独立的地平面，以保证信号的完整性，只在电源入口处通过一个 0Ω 电阻或小电感连接，然后再与公共地相连。

5) 环路最小规则，即信号线与地线回路构成的环面积要尽可能小，环面积越小，对外的辐射越少，接收外界的干扰也越小，如图 6-7 所示。针对这一规则，在地平面分割时，要考虑到地平面与重要信号走线的分布；在双层板设计中，在为电源留下足够空间的情况下，一般将余下的部分用参考地填充，且增加一些必要的过孔，将双面信号有效连接起来，对一些关键信号尽量采用地线隔离。

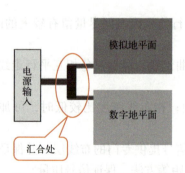

图 6-6 数字地与模拟地的连接

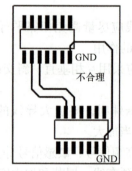
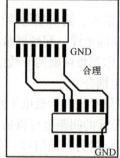

图 6-7 环路最小规则

8. 信号屏蔽原则

1) 印制板上的元器件若要加屏蔽，可以在元器件外面套上一个屏蔽罩，在底板的另一面对应于元器件的位置再罩上一个扁形屏蔽罩（或屏蔽金属板），将这两个屏蔽罩在电气上连接起来并接地，这样就构成了一个近似于完整的屏蔽盒，屏蔽罩屏蔽方法如图 6-8 所示。

2) 印制导线如果需要进行屏蔽，在要求不高时，可采用印制导线屏蔽。对于多层板，一般使用电源层和地线层，

图 6-8 屏蔽罩屏蔽

既解决电源线和地线的布线问题,又可以对信号线进行屏蔽,如图6-9所示。

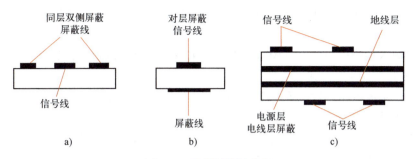

图6-9 印制导线屏蔽方
a)单面板 b)双面板 c)多层板

3) 对于一些比较重要的信号,如时钟信号,同步信号,或频率特别高的信号,应该考虑采用包络线或覆铜的屏蔽方式,即将所布的线上下左右用地线隔离,而且还要考虑如何让屏蔽地与实际地平面有效结合,如图6-10所示。

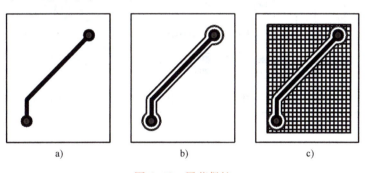

图6-10 屏蔽保护
a)无屏蔽 b)包络线屏蔽 c)覆铜屏蔽

9. 走线长度控制规则

走线长度控制规则即短线规则,在设计时应该让布线长度尽量短,以减少走线长度带来的干扰问题,如图6-11所示。

特别是一些重要信号线,如时钟线,将其振荡器放在离器件边近的地方。对驱动多个器件的情况,应根据具体情况决定采用何种网络拓扑结构。

10. 倒角规则

PCB设计中应避免产生锐角或直角,锐角或直角走线易产生不必要的辐射,同时工艺性能也不好。所有线与线的夹角一般应≥135°,如图6-12所示。

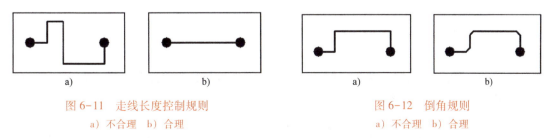

图6-11 走线长度控制规则　　　　　图6-12 倒角规则
　　a)不合理 b)合理　　　　　　　　　a)不合理 b)合理

11. 去耦电容配置原则

配置去耦电容可以抑制因负载变化而产生的噪声,是印制板可靠性设计的一种常规做法,配置原则如下。

1) 电源输入端跨接一个 10~100 μF 的电解电容,如果印制板的位置允许,采用 100 μF 以上的电解电容的抗干扰效果会更好。

2) 为每个集成电路芯片配置一个 0.01 μF 的陶瓷电容。如遇到印制板空间小而装不下时,可每 4~10 个芯片配置一个 1~10 μF 钽电解电容。

3) 对于抗噪声能力弱、关断时电流变化大的器件和 ROM、RAM 等存储型器件,应在芯片的电源线和地线间直接接入去耦电容。

4) 去耦电容的引线不能过长,特别是高频旁路电容。

去耦电容的布局及电源的布线方式将直接影响到整个系统的稳定性,有时甚至关系到设计的成败,一定要合理配置,如图 6-13 所示。

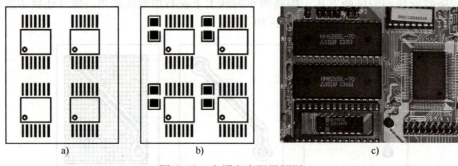

图 6-13 去耦电容配置原则
a) 未配置去耦电容　b) 配置去耦电容　c) 配置去耦电容的实物 PCB

12. 元器件布局分区/分层规则

1) 为了防止不同工作频率的模块之间互相干扰,同时尽量缩短高频部分的布线长度,通常将高频部分设在靠近接口部分以减少布线长度,如图 6-14 所示。当然这样的布局也要考虑到低频信号可能受到的干扰,同时还要考虑到高/低频部分地平面的分割问题,通常采用将二者的地分割,再在接口处单点相接。

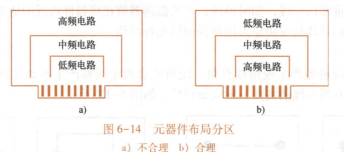

图 6-14 元器件布局分区
a) 不合理　b) 合理

2) 对于模数混合电路,在多层板设计中可以将模拟与数字电路分别布置在印制板的两面,分别使用不同的层布线,中间用地层隔离。

13. 孤立铜区控制规则

孤立铜区也叫铜岛,它的出现,将带来一些不可预知的问题,因此通常将孤立铜区接地或删除，有助于改善信号质量，如图 6-15 所示。在实际的制作中，PCB 厂家将一些板的空置部分增加了一些铜箔，这主要是为了方便印制板加工，同时对防止印制板翘曲也有一定的作用。

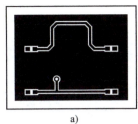 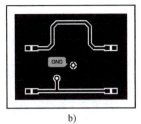

图 6-15 孤立铜区处理
a）不合理 b）合理

14. 大面积铜箔使用原则

在 PCB 设计中，在没有布线的区域最好由一个大的接地面来覆盖，以此提供屏蔽和增加去耦能力。

发热元器件周围或有大电流通过的引线应尽量避免使用大面积铜箔，否则，长时间受热时，易发生铜箔膨胀和脱落现象。如果必须使用大面积铜箔，最好采用网格状，这样有利于铜箔与基板间黏合剂因受热产生的挥发性气体排出，如图 6-16 所示，大面积铜箔上的焊盘连接处理如图 6-17 所示。

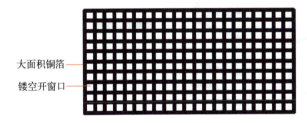 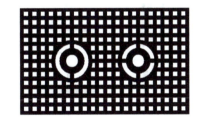

图 6-16 大面积铜箔镂空示意图　　图 6-17 大面积铜箔上的焊盘连接处理

15. 高频电路布线一般原则

1）高频电路中，集成块应就近安装退耦电容，一方面保证电源线不受其他信号干扰，另一方面可将本地产生的干扰就地滤除，防止了干扰通过各种途径（空间或电源线）传播。

2）高频电路布线的引线最好采用直线，如果需要转折，采用 135°转折或圆弧转折，这样可以减少高频信号对外的辐射和相互间的耦合。引脚间的引线越短越好，引线层间的过孔越少越好。

16. 金手指布线

对外连接采用接插形式的印制板，为便于安装往往将输入、输出、馈电线和地线等均平行安排在板子的一边，如图 6-18 所示，1、5、11 脚接地；2、10 脚接电源；4 脚输出；6 脚输入。为减小导线间的寄生耦合，布

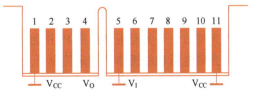

图 6-18 印制板对外连接的布线方式

线时应使输入线与输出线远离，并且输入电路的其他引线应与输出电路的其他引线分别布于两边，输入与输出之间用地线隔开。此外，输入线与电源线之间的距离要远一些，间距不应

小于 1 mm。

使用大面积铜箔的金手指实物 PCB 如图 6-19 所示。

图 6-19　使用大面积铜箔的金手指实物 PCB

17. 印制导线走向与形状

除地线外，同一印制板上导线的宽度尽量保持一致；印制导线的走线应平直，不应出现急剧的拐弯或尖角，直角和锐角在高频电路和布线密度高的情况下会影响电气性能，所有弯曲与过渡部分一般用圆弧连接，其半径不得小于 2 mm；应尽量避免印制导线出现分支，如果必须分支，分支处最好圆滑过渡；从两个焊盘间穿过的导线尽量均匀分布。

图 6-20 所示为印制板走线的示例，其中图 6-20a 中 3 条走线间距不均匀；图 6-20b 中走线出现锐角；图 6-20c 和 d 中走线转弯不合理；图 6-20e 中印制导线尺寸比焊盘直径大。

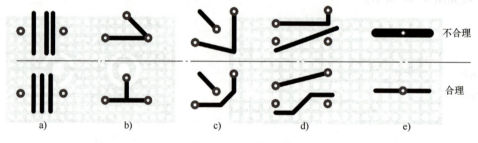

图 6-20　PCB 走线

任务 6.2　了解声光控节电开关及设计前准备

本任务通过常用的产品——声光控节电开关来介绍低频 PCB 设计，采用的设计方法是通过原理图的网络表文件调用封装和连线信息，然后进行手工布局、布线。

6.2.1　产品介绍

声光控节电开关面板和内部 PCB 如图 6-21 所示，该产品通过光敏电阻和驻极体话筒来控制开关，当光线偏暗且有声音出现的时候自动点亮灯泡。

声光控节电开关电路原理图如图 6-22 所示。

电路工作原理如下。

VD1~VD4 构成桥式整流电路，R4、VD8、DW1、C2 组成稳压二极管，稳压电路产生 5 V 直流电压，给控制电路供电。

图 6-21　声光控节电开关面板和内部 PCB

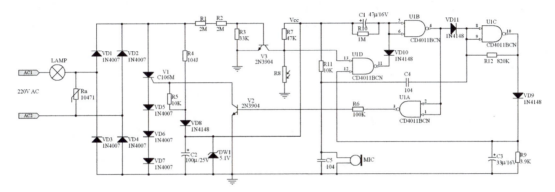

图 6-22　声光控节电开关电路原理图

1）白天，光线强，光敏电阻 R8 阻值小，V3 工作在饱和状态，U1D 的 13 脚为低电平，U1D 输出高电平，VD10 截止，U1B 的 5、6 脚为高电平，故 4 脚输出为低电平，U1A 的 3 脚输出为高电平，V2 工作在饱和状态，晶闸管 V1 的 G 极为低电平，V1 截止，灯不亮。

2）光线暗且无声音时，光敏 R8 阻值增大，V3 退出饱和状态，U1D 的 13 脚为高电平，该门的输出由 12 脚的电平控制。无声音，MIC 内阻大，U1C 的 8、9 脚为高电平，10 脚输出为低电平，VD9 截止，C3 无充电电压，故 U1D 的 12 脚为低电平，维持 11 脚输出高电平，与上相同，灯不亮。

3）光线暗且有声音，MIC 内阻减小，U1C 的 8、9 脚为低电平，10 脚输出高电平，VD9 导通，U1D 的 12、13 脚为高电平，11 脚输出低电平，VD10 导通，U1B 的 5、6 脚为低电平，4 脚输出高电平，U1A 的 1、2 脚为高电平，3 脚输出低电平，V2 截止，晶闸管 V1 的 G 极为高电平，V1 导通，灯亮。

4）延时控制：声音过后，MIC 内阻增大，U1C 的 8、9 脚为高电平，10 脚输出低电平，VD9 截止，C3 通过 R9 放电，放电时间长短决定灯亮时间，放电至 U1D 的 12 脚为低电平，灯灭。

6.2.2　设计前准备

声光控节电开关相对于前面介绍的单管放大电路来说要复杂得多，如果采用手工一个一个放置元件，将耗费大量的

6.2.2　设计前准备

时间，如果通过网络表调用元器件和连线信息将大大提高效率。

设计前的准备工作主要进行原理图设计，完成元器件库中不存在的封装设计并在原理图中设置好相应的封装。

1. 原理图元器件设计

1）灯泡。参考如图 6-22 所示原理图中 LAMP 进行设计。

2）光敏电阻。参考如图 6-22 所示原理图中的 R8 进行设计。

2. 元器件封装设计

1）驻极体话筒。驻极体话筒外观和封装如图 6-23 所示，封装名称设置为 MIC10，主要参数：采用圆形焊盘，焊盘引脚号 1、2，焊盘间距为 160 mil，焊盘 X、Y 尺寸均为 80 mil，元器件外形半径为 200 mil。

2）电解电容。电解电容外观和封装如图 6-24 所示，封装名称设置为 RB.1/.2，主要参数：采用圆形焊盘，焊盘中心间距为 100 mil，焊盘 X、Y 尺寸均为 80 mil，元器件外形半径为 100 mil。电解电容封装设计中正极不加"+"号，这样有利于减小元器件尺寸，封装中加阴影部分的焊盘为电解电容负极。

图 6-23　驻极体话筒外观与封装　　　　图 6-24　电解电容外观和封装

3. 原理图设计

根据图 6-22 绘制电路原理图，设置好元器件的封装。声光控节电开关元器件参数如表 6-1 所示，原理图设计完毕后进行编译检查并修改错误。

表 6-1　声光控节电开关元器件参数

元器件类别	元器件标号	库元器件名	元器件所在库	元器件封装
电解电容	C1~C3	Cap Pol1	Miscellaneous Devices.InLib	RB.1/.2（自制）
磁片电容	C4、C5	Cap	Miscellaneous Devices.InLib	RAD-0.1
1/8W 电阻	R1~R3、R5~R7、R9~R12	Res2	Miscellaneous Devices.InLib	AXIAL-0.4
1W 电阻	R4	Res2	Miscellaneous Devices.InLib	Axial-0.4
压敏电阻	Ru	Res Varistor	Miscellaneous Devices.InLib	RAD-0.3
集成电路	U1	CD4011BCN	FSC Logic Gate.IntLib	N14A
晶闸管	V1	C106M	Motorola Discrete SCR.IntLib	77-08
晶体管	V2、V3	2N3904	Miscellaneous Devices.InLib	BCY-W3/E4
整流二极管	VD1~VD7	Diode 1N4007	Miscellaneous Devices.InLib	DIO10.46-5.3x2.8
检波二极管	VD8~VD11	Diode 1N4148	Miscellaneous Devices.InLib	DIO7.1-3.9x1.9
稳压二极管	DW1	1N751A	Motorola Discrete Diode.IntLib	299-02
驻极体话筒	MIC	MIC2	Miscellaneous Devices.InLib	MIC10（自制）
光敏电阻	R8	GM	自制	RAD-0.1
灯泡	LAMP	LAMP	自制	无

本例中元器件封装在元器件库 Miscellaneous Devices.IntLib 和自制的封装库中，设置封装前必须将它们加载为当前库，设置元器件封装可以通过浏览元器件方式进行，也可在添加封装时直接输入元器件封装名。

6.2.3 设计 PCB 时考虑的因素

该电路是一个低频电路，在灯未亮时，电路的工作电流很小；灯亮后整流二极管和晶闸管上有较大的电流，但维持时间比较短，故晶闸管 V1 无须再加装散热片。

6.2.3 设计 PCB 时考虑的因素

设计时考虑的主要因素如下。

1）PCB 的尺寸为 4.5 mm×6 mm。电路板对角线上有 2 个 Φ3 mm 的圆形安装孔，板的上方有 2 个 Φ7 mm 的电源接线柱。

2）根据产品的基本情况，首先定位电源接线柱、驻极体话筒、螺纹孔的位置。

3）整流电路和晶闸管控制电路，相对电流较大，集中放置在电源接线铜柱附近，其他元器件围绕集成电路 CD4011 布局。

4）元器件离板边沿至少 2 mm。

5）布局调整时应尽量减少网络飞线的交叉。

6）连线线宽：整流电路和晶闸管控制电路，线宽选用 1.2 mm，地线线宽 1.5～2 mm，其他线路线宽 0.8～1.0 mm。

7）电源接线铜柱的布线采用覆铜放置大面积铜箔，以提高电流承受能力和稳定性。

8）连线转弯采用 45°或圆弧进行。

任务 6.3　加载网络信息及手工布局

6.3.1　从原理图加载网络表和元器件封装到 PCB

1. 新建项目文件

执行菜单"文件"→"创建"→"项目"→"PCB 项目"命令，新建 PCB 项目，并将其另存为"声光控开关.PrjPCB"。

2. 规划 PCB

采用公制规划尺寸，板的尺寸为 45 mm×60 mm。

1）执行菜单"文件"→"创建"→"PCB 文件"命令，新建 PCB。执行菜单"文件"→"保存"命令，将该 PCB 文件保存为"声光控开关.PCBDOC"。

2）执行菜单"设计"→"PCB 选择项"命令，设置单位制为 Metric（公制）；设置"可视网格"1、2 分别为 1 mm 和 5 mm；"捕获网格"X、Y 和"元件网格"X、Y 均为 0.5 mm。

3）执行菜单"设计"→"PCB 层次颜色"命令，设置显示"可视网格"1（Visible Grid1）。

4）执行菜单"编辑"→"原点"→"设定"命令，定义相对坐标原点。

5）执行菜单"工具"→"优先设定"命令，弹出"优先设定"对话框，选中"Display"选项，在"表示"区选中"原点标记"复选框，显示坐标原点。

6）单击工作区下方的标签，将当前工作层设置为 Mechanical1（机械层 1），参考

图 6-25 所示的尺寸，定义机械轮廓、驻极体话筒及螺纹孔的位置，以便于布局时的定位。执行菜单"放置"→"直线"命令，绘制边框。执行菜单"放置"→"圆"命令放置圆弧。

7) 单击工作区下方的标签，将当前工作层设置为 Keep Out Layer（禁止布线层），沿着机械轮廓的外框定义 PCB 的电气轮廓为 45 mm×60 mm。此后，放置元器件和布线都要在此边框内部进行。

3. 放置螺纹孔和电源接线铜柱

如图 6-26 所示，根据机械层定位孔的位置，通过执行菜单"放置"→"焊盘"命令放置两个螺纹孔和两个接线铜柱。螺纹的尺寸为：X、Y 尺寸均为 3 mm，孔径 3 mm，形状为 Round；接线铜柱的尺寸为：X、Y 尺寸均为 7 mm，孔径 5 mm，形状为 Round。

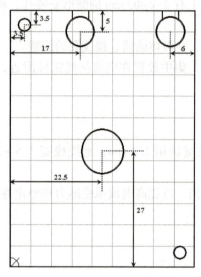

图 6-25　定义 PCB 机械轮廓

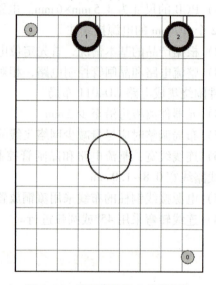

图 6-26　放置螺纹孔和接线铜柱

螺纹孔的焊盘编号均设置为 0，接线铜柱的焊盘编号分别设置为 1 和 2。

4. 从原理图加载网络表和元器件封装到 PCB

1) 打开设计好的原理图文件（如"声光控开关.SCHDOC"），在 PCB 工作区面板选中该文件将其拖动到"声光控开关.PrjPCB"项目中。

2) 执行菜单"项目管理"→"Compile Document 声光控开关.SCHDOC"命令，对原理图文件进行编译，根据"Messages"面板中的错误和警告提示进行相应的修改，对布线无影响的警告可以忽略。

3) 在原理图编辑器环境下，执行菜单"设计"→"Update PCB Document 声光控开关.PCBDOC"命令，弹出"工程变化订单（ECO）"对话框，显示本次更新的对象和内容，单击"使变化生效"按钮，系统将自动检查各项变化是否正确有效，所有正确的更新对象，在检查栏内显示"√"符号，不正确的显示"×"符号，如图 6-27 所示。

从图 6-27 中可以看出存在两个错误信息，其中 LAMP（灯泡）不需要设置封装的，此错误可以忽略；V1 的错误是"Footprint Not Found 77-08"，说明封装 77-08 未找到，原因是未将该封装所在的库 Motorola Discrete SCR.IntLib 设置为当前库，可在元器件库面板中将该库设置为当前库。

项目6 低频矩形PCB设计——声光控节电开关

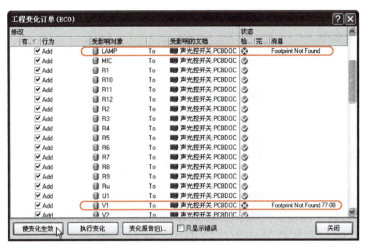

图6-27 "工程变化订单（ECO）"对话框

4）设置好封装库后，重新执行菜单"设计"→"Update PCB Document 声光控开关.PCBDOC"命令，弹出"工程变化订单（ECO）"对话框，单击"使变化生效"按钮，更新检查信息，从中可以看出"Footprint Not Found 77-08"的错误提示消失，说明封装77-08已经匹配上。

5）单击"执行变化"按钮，系统接受工程变化，将元器件封装和网络表添加到PCB编辑器中，单击"关闭"按钮关闭对话框，加载元件后的PCB如图6-28所示。

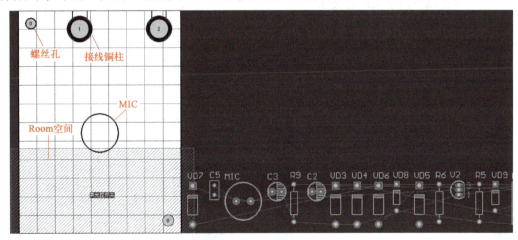

图6-28 加载元件后的PCB

从图6-28中可以看出，系统自动建立了一个Room空间"声光控开关"，同时加载的元件封装和网络表放置在规划好的PCB边界之外，因此还必须进行元件布局。

6.3.2 PCB设计中常用快捷键使用

在PCB设计中，系统提供有若干快捷键可以提高设计效率，常用的有以下几个。

1）〈Ctrl〉+鼠标滚轮：连续放大或缩小工作区窗口。
2）〈Shift〉+鼠标滚轮：左右移动工作区窗口。
3）鼠标滚轮：上下移动工作区窗口。

4)〈Alt+*〉，*代表主菜单后的字母（如放置(P)）：打开相应主菜单，如〈Alt+P〉为打开"放置"主菜单。

6.3.3 声光控节电开关 PCB 手工布局

图 6-28 中，元器件是分散在电气轮廓之外的，需要通过手工布局的方式将元器件排列到合适的位置。

1. 通过 Room 空间移动元器件

由于元器件排列范围太宽，不利于选取元器件，所以一般先将元器件移动到规划好的电气边界之内。

从原理图中调用元器件封装和网络表后，系统按原理图文件名自定义了 Room 空间"声光控开关"，其中包含了所有的元器件，移动 Room 空间，对应的元器件也会跟着一起移动。

选中 Room 空间，将其移动到电气边框内，执行菜单"工具"→"放置元件"→"Room 内部排列"命令，移动光标至 Room 空间内，单击，元器件将自动按类型整齐排列在 Room 空间内，右击，结束操作，此时屏幕上会有一些画面残缺，可执行菜单"查看"→"更新"命令来刷新画面，移动后的元器件布局如图 6-29 所示。

2. 手工布局调整

元器件调入 Room 空间后，Room 空间是高亮显示的，在手工布局前一般先删除 Room 空间，具体方法为：选中 Room 空间，按〈Del〉键将其删除。

手工布局就是通过移动和旋转元器件，根据信号流程和布局原则将元器件移动到合适的位置，同时尽量减少网络飞线的交叉。

选中元器件按住鼠标左键不放，拖动鼠标可以移动元器件，在移动过程中按下〈Space〉键可以旋转元器件，一般在布局时不进行元器件的翻转，以免造成元器件引脚无法对应。

本例中为保证与面板的配合，应先将驻极体话筒 MIC 移动到图中指定的位置，然后再移动其他元器件。

手工布局调整后的 PCB 如图 6-30 所示。

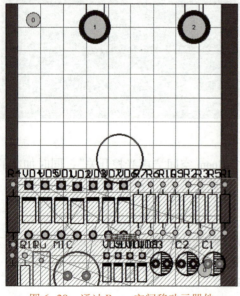

图 6-29 通过 Room 空间移动元器件

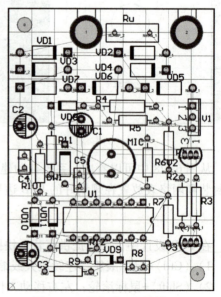

图 6-30 完成手工布局的 PCB

任务 6.4　声光控节电开关 PCB 手工布线

6.4.1　焊盘调整

1. 设置电源接线铜柱的焊盘网络

如图 6-30 所示，电源接线铜柱的焊盘是手工放置的，加载网络信息后其焊盘上是没有网络飞线的，为顺利进行连接，必须将焊盘的网络设置成与之相连的元器件焊盘的网络。双击电源接线铜柱焊盘 1，将其网络修改为 NetLAMP_2；双击电源接线铜柱焊盘 2，将其网络修改为 NetRu_1。

注意： 由于用户绘制原理图的方式不同，元器件的网络可能不同，因此网络的设置必须根据实际原理图进行。

2. 集成电路 U1 电源引脚网络设置

本例中集成块 CD4011 的 14 脚电源端的引脚编号为 VDD，而在原理图中给集成块提供 5.1 V 电源的网络为 Vcc，两者之间不匹配，造成 U1 的 14 脚未连接到电源 Vcc 上。双击 U1 的焊盘引脚 14，屏幕弹出焊盘属性对话框，将其网络设置为 Vcc，修改后可以看到该引脚的网络飞线连接到 Vcc 上。

3. 编辑焊盘尺寸

图 6-30 中焊盘的尺寸大小不一，可以根据实际需要进行调整。

如果调整的焊盘数量比较少，可以双击焊盘，直接修改焊盘的"X-尺寸""Y-尺寸"的数值即可；如果需要修改的焊盘数量比较多，则可以通过全局修改的方式进行。

修改焊盘尺寸后可能会出现间距过小的警告，且元器件将高亮显示，此时可微调元器件位置以消除警告。

6.4.2　交互式布线及调整

本例中的元器件带有网络，采用"交互式布线"的方式进行线路连接。

1. 交互式布线参数设置

执行菜单"设置"→"规则"命令，弹出"PCB 规则和约束编辑器"对话框，在其中设置最小宽度为 0.8 mm、最大宽度为 2 mm、优选宽度为 1 mm，适用于全部对象。

在放置连线状态按下键盘的〈Tab〉键，弹出"交互式布线"设置对话框，在其中可以设置线宽和线所在的工作层，线宽必须为 0.8 ~ 2 mm，超过上限，系统自动默认为最大值 2 mm，低于下限值，系统自动默认为最小值 0.8 mm。

2. 手工布线

手工布线前应再次检查元器件之间的网络飞线是否正确，检查无误后就可以进行手工布线。

将工作层切换到 Bottom Layer，执行菜单"放置"→"交互式布线"命令，根据网络飞线进行连线，线路连通后，该线上的飞线将消失。连线宽度根据线所属网络进行选择，整流电路和晶闸管控制电路，线宽为 1.2 mm，地线线宽为 1.5 ~ 2 mm，其他线路线宽为 0.8 ~ 1.0 mm。

连线中若间隙不足，可以适当调整元器件的位置；若无法从焊盘中心开始连接，可以通过减小捕获网格来解决。

本例中的连线转弯要求采用 45°或圆弧进行。

手工布线的 PCB 如图 6-31 所示。

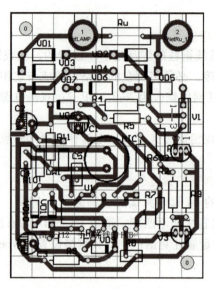

图 6-31　手工布线的 PCB

任务 6.5　覆铜设计及 PCB 调整

6.5　覆铜设计及 PCB 调整

在 PCB 设计中，有时需要用到大面积铜箔，如果是规则的矩形，可以执行菜单"放置"→"矩形填充"命令实现；如果是不规则的铜箔，则执行菜单"放置"→"覆铜"命令实现。

1. 放置覆铜

下面以放置网络 NetRu_1 上的覆铜为例介绍覆铜的使用方法。

执行菜单"放置"→"覆铜"命令或单击工具栏 ■ 按钮，弹出如图 6-32 所示的"覆铜"对话框，在其中可以设置覆铜的参数。

如图 6-32 所示，本例在"填充模式"区选中"实心填充（铜区）"，放置实心覆铜；"属性"区的"层"设置为"Bottom Layer"，表示放置底层覆铜；"网络选项"区的"连接到网络"设置为"NetRu_1"，表示覆铜与网络 NetRu_1 相连；"连接方式"设置为"Pour Over All Same Net Objects"表示覆盖所有相同网络。

设置完毕单击"确认"按钮，进入放置覆铜状态，拖动光标到适当的位置，单击确定覆铜的第一个顶点位置，然后根据需要移动并依次单击绘制一个封闭的覆铜空间后，在空白处右击，退出绘制状态完成覆铜放置，如图 6-33 所示。

从图中看出覆铜与焊盘的连接是通过十字线实现的，本例中希望覆铜直接覆盖焊盘，还需要进行覆铜规则设置。

项目 6　低频矩形 PCB 设计——声光控节电开关

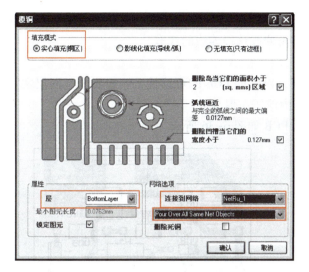
图 6-32　"覆铜"对话框

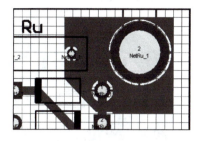
图 6-33　放置覆铜

2. 设置覆铜连接方式

执行菜单"设计"→"规则"命令，弹出"PCB 规则和约束编辑器"对话框，选中"Plane"选项下的"Polygon Connect"，进入规则设置状态，如图 6-34 所示。

图 6-34　设置覆铜连接方式

覆铜的连接方式有十字连接、直接连接和无连接 3 种。本例中，覆铜要覆盖整个焊盘，故在"连接方式"下拉列表框中选中"Direct Connect（直接连接）"进行直接连接，单击"确认"按钮退出。

双击该覆铜，弹出"覆铜"对话框，单击"确认"按钮退出，屏幕弹出一个对话框提示是否重新建立覆铜，单击"Yes"按钮确认重画，重画后的覆铜将直接覆盖焊盘。

设置覆铜的 PCB 如图 6-35 所示。

3. 调整地线和大电流线路的线宽

图 6-36 中都是使用 1 mm 的连线，一般地线需要加粗，本例中将地线加粗为 2 mm；整

流电路和晶闸管控制电路，电流较大，将其线宽加粗为 1.2 mm。线宽调整的方法为双击连线，在弹出的对话框中修改"宽"中的值即可修改该段连线的线宽。

4. 调整丝网文字

PCB 布线完毕，要调整好丝网层的文字，以保证 PCB 的可读性，一般要求丝网层文字的大小、方向要一致，不能放置在元器件框内或压在焊盘上。

根据要求完成丝网文字的调整，最终的 PCB 如图 6-36 所示。

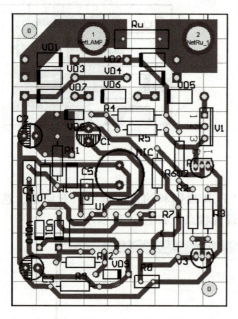

图 6-35 设置覆铜的 PCB

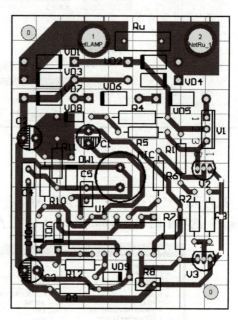

图 6-36 最终的 PCB

> **经验之谈**
>
> 1. 由于用户绘制原理图的方式不同，造成元器件的网络可能不同，因此在设置独立焊盘的网络时，必须根据设计中实际使用的电路原理图进行。
> 2. 一般焊盘的网络不能随意修改，否则将与原理图不匹配，造成连线错误。
> 3. 4 个引脚以上的双列焊盘的封装不能进行 X 或 Y 方向的翻转操作，以免造成引脚顺序与实物不一致。

技能实训 8　声光控节电开关 PCB 设计

1. 实训目的

1）掌握声光控节电开关电路的原理。
2）掌握低频板的布局布线规则。
3）进一步掌握元器件封装的设计方法。
4）掌握 PCB 交互式布线方法。

5）掌握覆铜设计方法。

2. 实训内容

1）事先准备好图6-22所示的声光控节电开关原理图文件，并熟悉电路原理，观察声光控节电开关实物。

2）进入PCB编辑器，新建PCB项目"声光控节电开关.PrjPCB"、PCB文件"声光控节电开关.PCBDOC"和元器件库文件"PcbLib1.PcBLib"，根据图6-23和图6-24设计驻极体话筒封装MIC10和电解电容封装RB.1/.2。

3）载入Miscellaneous Device.IntLIB、Miscellaneous Devices.InLib、FSC Logic Gate.IntLib、Motorola Discrete SCR.IntLib、Motorola Discrete Diode.IntLib和自制的PcbLib1.PcBLib元器件库。

4）编辑原理图文件，根据表6-1设置好元器件的封装。

5）设置单位制为Metric；设置可视网格1为1mm、可视网格2为5mm；设置捕获网格X、Y和元件网格X、Y均为0.5mm，并参考图6-25规划印制板，并放置接线铜柱。

6）打开声光控节电开关原理图文件，将文件拖动到PCB项目"声光控节电开关.PrjPCB"中，执行菜单"设计"→"Update PCB Document 声光控节电开关.PCBDOC"命令，加载网络表和元器件封装，根据提示信息修改错误。

7）设置电源接线铜柱的焊盘网络，使之与相关元器件的焊盘相连；修改U1的14脚焊盘网络，将其网络设置为Vcc。

8）执行菜单"工具"→"放置元件"→"Room内部排列"命令，进行元器件布局，并参考图6-30进行手工布线调整，尽量减少飞线交叉。

9）通过全局修改功能，将元器件封装焊盘X、Y尺寸修改为2mm，晶体管和晶闸管的焊盘可以根据实际空间情况修改为椭圆焊盘。焊盘修改后微调元器件位置，消除间距过窄问题。

10）设置布线规则为最小宽度为0.8mm、最大宽度为2mm、优选宽度为1mm，适用于全部对象。参考图6-31进行手工布线，布线采用"交互式布线"方式进行，布线线宽优先1mm，转弯采用直角或45°方式进行。

11）参考图6-35设置覆铜。

12）参考图6-36将空间比较富裕地方的地线加粗为2mm，整流电路和晶闸管控制电路其线宽加粗为1.2mm。

13）调整元器件丝网层的文字，保持大小、方向一致，不能放置在元器件框内或压在焊盘上。

14）保存PCB文件和项目文件。

3. 思考题

1）如何从原理图载入网络表和元件？
2）如何进行布设覆铜？
3）如何调整连线为最大线宽？
4）如何改变焊盘的网络？

思考与练习

1. PCB布局应遵循哪些原则？

2. PCB 布线应遵循哪些原则？
3. 如何放置接地实心覆铜，并将其连接方式设置为直接连接？
4. 根据如图 6-37 所示的存储器电路设计单面印制板。

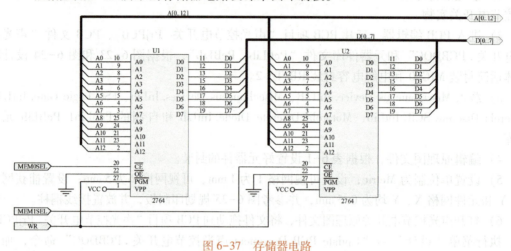

图 6-37 存储器电路

5. 根据如图 6-38 所示的稳压电源电路设计单面印制板，设计要求：采用单面 PCB，板的尺寸为 80 mm×60 mm，线宽为 1.5 mm。

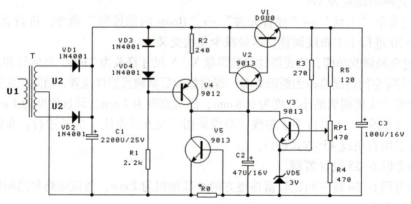

图 6-38 串联调整型稳压电源

6. 设计节能灯的 PCB。节能灯和 PCB 实物如图 6-39 所示，原理图如图 6-40 所示，PCB 设计参考图 6-41。

图 6-39 节能灯和 PCB 实物

项目6 低频矩形PCB设计——声光控节电开关

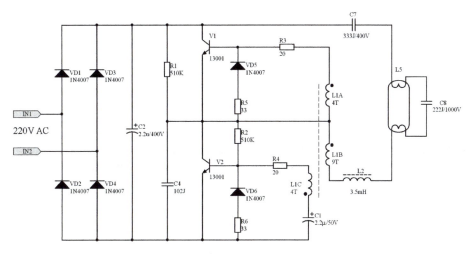

图 6-40 节能灯原理图

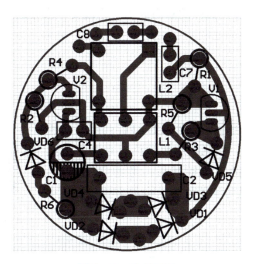

图 6-41 参考PCB

设计要求：

1）自行设计立式电阻、立式二极管、高频振荡线圈、扼流圈和晶体管的封装。

2）PCB采用圆形规划，半径为660 mil。

3）电源接线端和灯管接线端分别布于PCB的两侧，为电源接线端预留2个焊盘，为灯管接线端预留4个焊盘，并设置好网络。

4）由于元器件排列紧密，将元器件的旋转角度设置为15°。

5）布线采用"交互式布线"方式进行，布线线宽为40 mil，转弯采用45°方式或圆弧方式进行。

6）对整流电路等布设覆铜，并将覆铜的网络设置为当前网络。

项目 7　高散热圆形 PCB 设计——LED 灯

知识与能力目标
1) 认知通孔元器件和贴片元器件混合的单面板电路
2) 掌握快速交互选择模式的使用方法

素养目标
1) 鼓励学生关注细节，精益求精
2) 培养学生认真负责的工作态度

LED 灯以其高效节能和环保的特点得到了广泛的应用，本项目以 LED 灯为例，介绍高散热 PCB 基板的选择，通过元器件的双面放置，完成交互式布局及交互式布线的设计。

任务 7.1　了解 LED 灯

7.1.1　产品介绍

LED 灯由 LED 驱动控制电路板和 LED 灯板两部分集成在一起，安装在灯头中。考虑 LED 灯的散热因素和灯头结构，LED 灯板采用圆形易散热的铝基板；考虑空间因素，控制板采用通孔元器件和贴片元器件相结合的方式，图 7-1 所示为 LED 灯实物图。

7.1.1　产品介绍

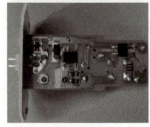

图 7-1

图 7-1　LED 灯实物图

LED 灯驱动电路采用非隔离型恒流驱动，一般工作电压为 90～265 V，采用专用的 LED 恒流驱动芯片 KP1052，芯片内部集成高压金属-氧化物-半导体场效晶体管（MOSFET），工作电流超低，恒流控制，并具有 LED 短路保护、芯片过热保护等功能。

LED 灯电路原理图如图 7-2 所示，其中 BD1 为桥式整流，C1、C2、L1 组成 π 型滤波，完成 AC→DC 转换；U1 为非隔离恒流降压型 LED 驱动芯片 KP1052，VD0、L2、C3 连接 U1 的引脚 1 和引脚 4，构成降压式变换电路，为 LED 供电；R1、R2 连接 U1 的引脚 7，进行电流取样，改变电阻阻值，可以改变输出电流大小，从而控制 LED 的亮度。

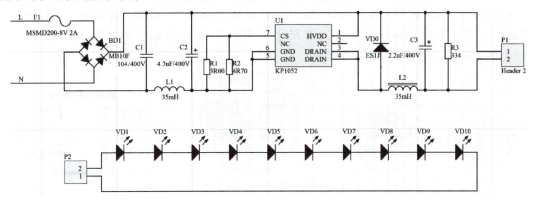

图 7-2　LED 灯电路原理图

7.1.2　设计前准备

LED 灯的印制板面积很小，需要装入灯头中，元器件封装采用贴片和通孔混合方式，个别元器件在原理图库中不存在，需重新设计元器件的原理图图形，元器件的封装要根据实际需求重新定义。

1. 原理图元器件设计

在原理图中，KP1052 需要自行设计，元器件图形参考图 7-2 中的 U1。

2. 元器件封装设计

1) 芯片 KP1052 的封装名为 SOP7，利用 Miscellaneous Devices.IntLib 中的 SO-G8 进行修改，尺寸不变，引脚少一个，修改后封装如图 7-3 所示。

2) 扼流圈 L2 的封装名为 ELQ48，图形如图 7-4 所示。扼流圈磁芯外形为 EI 型，其中引脚 1、2 用于连接线圈，引脚 0 为空脚，用于固定元器件。焊盘 1、2 之间的中心间距为 4 mm，焊盘 0、0 和 0、1 之间的中心间距均为 8 mm，焊盘 X、Y 尺寸均为 1.5 mm，形状为 Round，封装的外框尺寸为 11 mm×11 mm。

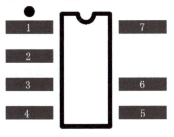

图 7-3　KP1052 封装

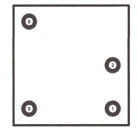

图 7-4　扼流圈封装

3) 立式电感 L1 的封装名为 INDU-0.2，如图 7-5 所示。焊盘中心间距 200 mil，焊盘 X、Y 尺寸均为 80 mil，形状为 Round，焊盘编号分别为 1 和 2。

4)电解电容封装图形有两种,封装名分别为 RB.1/.2 和 RB.2/.4,前者外框圆直径 200 mil、焊盘间距 100 mil、焊盘 X、Y 尺寸均为 80 mil,后者外框圆直径 400 mil、焊盘间距 200 mil、焊盘 X、Y 尺寸均为 80 mil。焊盘编号均分别为 1 和 2,将焊盘 2 作为负极并打上横线作为指示,如图 7-6 所示。

5)整流桥 BD1 的封装名为 MBF,采用贴片封装,如图 7-7 所示。焊盘中心左右间距为 250 mil,上下间距为 100 mil,焊盘 X、Y 尺寸分别为 60 mil 和 35 mil,形状为 Rectangular,焊盘层为 Top Layer,外框的间距为 200 mil。

图 7-5　立式电感封装　　　　图 7-6　电解电容封装　　　　图 7-7　整流桥封装

6)弯脚插针(引脚 2)P1 的封装名为 HDR-WI-2P,实物和封装如图 7-8 所示,它有两个定位孔和两个引脚,两个定位孔仅用于固定,可以使用焊盘来实现,焊盘中心间距为 2.54 mm,其焊盘直径和孔径大小均设置为 0.8 mm,即整个焊盘均为通孔,形状为 Round;两个引脚采用通孔焊盘,焊盘中心间距为 2.54 mm,焊盘 X、Y 尺寸均为 1.5 mm,其中焊盘 1 形状为 Rectangular;定位孔和焊盘之间的中心间距 2 mm。

7)灯盘连接器(引脚 2)P2 的封装名为 HDR-CI-2P,采用贴片封装,其实物和封装如图 7-9 所示,连接器中间开孔,便于插针插入,在"Top Overlay"画一个圆圈来表示开孔,开孔半径为 30 mil,开孔间距为 100 mil,贴片焊盘中心间距为 280 mil,其焊盘 X、Y 尺寸均为 60 mil,形状为 Rectangular;外框尺寸为 200 mil×100 mil。

图 7-8　弯脚插针实物与封装　　　　图 7-9　灯盘连接器(引脚 2)实物和封装

3. 原理图设计

将元器件库 Miscellaneous Devices.IntLib、Miscellaneous Connectors.IntLib 和自行设计的元器件库设置为当前库,根据图 7-2 绘制电路原理图,设置好元器件封装,具体参数见表 7-1 所示,原理图设计完毕进行编译检查并修改错误,最后将原理图另存为"LED 灯.SCHDOC"。

表 7-1　LED 灯元器件参数

元器件类别	元器件标号	库元器件名	元器件所在库	元器件封装
熔丝电阻	F1	Fuse 2	Miscellaneous Devices.IntLib	CC4532-1812
整流桥	BD1	Bridge1	Miscellaneous Devices.IntLib	MBF

（续）

元器件类别	元器件标号	库元器件名	元器件所在库	元器件封装
涤纶电容	C1	Cap	Miscellaneous Devices.IntLib	RAD-0.2
电解电容	C2	Cap Pol2	Miscellaneous Devices.IntLib	RB.2/.4（自制）
电解电容	C3	Cap Pol2	Miscellaneous Devices.IntLib	RB.1/.2（自制）
贴片电阻	R1-R3	RES2	Miscellaneous Devices.IntLib	CR3216-1206
芯片 KP1052	U1	KP1052	自制库	SOP7（自制）
贴片二极管	VD0	Diode	Miscellaneous Devices.IntLib	DIODE SMC
贴片发光二极管	VD1-VD10	LED3	Miscellaneous Devices.IntLib	SMD_LED
立式电感	L1	Inductor	Miscellaneous Devices.IntLib	INDU-0.2（自制）
扼流圈	L2	Inductor Iron	Miscellaneous Devices.IntLib	ELQ48（自制）
弯脚排针（脚2）	P1	Header 2	Miscellaneous Connectors.IntLib	HDR-WI-2P（自制）
灯盘连接器（脚2）	P2	Header 2	Miscellaneous Connectors.IntLib	HDR-CI-2P（自制）

7.1.3 设计 PCB 时考虑的因素

LED 灯的 PCB 分为两块：LED 灯盘电路板和 LED 驱动电路板。LED 灯盘电路板考虑 LED 散热问题，采用铝基板；LED 驱动电路板采用单面板。设计 PCB 时考虑的主要因素如下。

1）LED 灯盘电路板和驱动电路板之间的连接使用插针和连接器，要考虑插针和插座位置，两者均位于板的中间位置，连接器在 LED 灯盘电路板上，插针采用弯脚结构。

2）LED 灯盘电路板的外形为圆形，半径为 23 mm。在灯盘电路板圆心的左右两边，距离圆心 1.27 mm 处，各放置一个半径为 0.7 mm 的圆孔，使得灯盘连接器开孔能正常使用，方便弯角插针和灯盘连接器的接插连接。

3）LED 灯盘电路板为铝基板，为了提高散热效果，也方便 PCB 加工，电路连接使用大面积覆铜。

4）LED 灯驱动电路板位于灯头内，驱动电路板的结构为方形，且两头不一样大，其形状和尺寸如图 7-10 所示，通孔元器件置于顶层，贴片元器件置于底层。

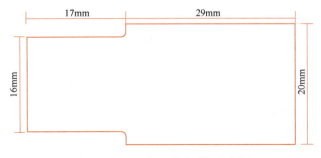

图 7-10　LED 灯驱动电路板规划图

5) LED 驱动电路板电源接线端和灯盘电路板接线端分别布于 PCB 的两侧，为电源接线端预留两个焊盘，整流滤波电路集中布局于电源接线端附近。

6) 扼流圈磁芯为 EI 型，有 4 个引脚，其中 1、2 脚接线圈，两个 0 脚为空脚，用于固定元器件。

7) LED 驱动电路板的接线端采用弯脚插针结构，安放在侧边中间位置，降压变换电路布局在灯盘电路板接线端附近。

8) 采用手工布线方式进行布线，线宽为 1.5 mm。

任务 7.2　LED 灯 PCB 设计

7.2.1　从原理图加载网络表和元器件封装到 PCB

1. 规划 PCB

采用公制规划 LED 灯电路板，其中 LED 灯盘 PCB 为圆形，其半径为 23 mm，LED 驱动电路板的尺寸参考图 7-10。

1) 新建 PCB 文件"LED 灯.PCBDOC"，设置单位制为公制，设置捕获网格和元件网格均为 0.1 mm。

2) 规划 LED 灯盘电路板。将当前工作层设置为 Keep Out Layer，执行菜单"放置"→"圆"命令，以参考点为圆心，在 Keep Out Layer 层绘制一个半径为 23 mm 的圆，将其作为 LED 灯盘电路板的电气轮廓。

3) 规划 LED 驱动电路板。执行菜单"放置"→"直线"命令，参考图 7-10 的形状和尺寸规划 LED 驱动电路板轮廓。

4) 将当前工作层设置为 Mechanical 1，执行菜单"放置"→"圆"命令，在 Mechanical 1 层的灯盘圆心的左右两侧距离圆心各 1.27 mm 处分别放置一个半径为 0.7 mm 的圆，用于定位插座插针的开孔位置，规划好的 LED 灯电路板如图 7-11 所示。最后保存 PCB 文件。

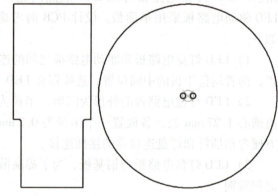

图 7-11　LED 灯电路板规划图

2. LED 灯电路板预布局

（1）预布局

LED 灯盘电路板上的 10 颗 LED 在灯板上圆形排列，需进行预布局操作。

手工放置贴片发光二极管的封装 SMD_LED，双击该元器件设置其标号为 VD1；选中 VD1，执行菜单"编辑"→"裁剪"命令，单击 VD1 将其剪切；执行菜单"编辑"→"特殊粘贴"命令，弹出"特殊粘贴"对话框，单击"粘贴队列"按钮，进行队列粘贴，弹出"设定粘贴队列"对话框，本例中"项目数"设置为"10"，"队列类型"选择"圆形"，"间距（角度）"设置为"36"，如图 7-12 所示。

设置完毕单击"确认"按钮，弹出十字标志，在灯盘轮廓的圆心处单击，确定队列粘贴的圆心，距离圆心正上方 18 mm 位置再次单击，确定队列粘贴的半径并完成圆形队列粘贴。完成预布局的灯盘电路板如图 7-13 所示。

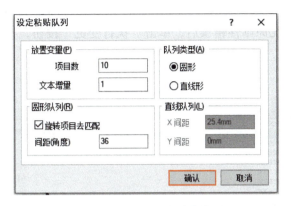

图 7-12　圆形队列粘贴参数图

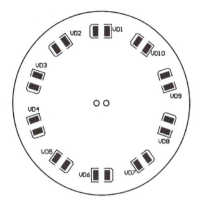

图 7-13　完成预布局的灯盘电路板

（2）锁定预布局

选中元件 VD1，单击鼠标右键，在弹出的菜单中选择"查找相似对象"，弹出"查找相似对象"对话框，单击"Footprint"右边的"Any"选项，将其设置为"Same"，如图 7-14 所示。选择好后，单击"确认"按钮选中 VD1～VD10，在弹出的"检查器"对话框中，单击"Locked"后的"☐ False"，当其变成"☑ True"时表示处于锁定状态，如图 7-15 所示，这样在后续进行自动布局时这些元器件不会被移动。

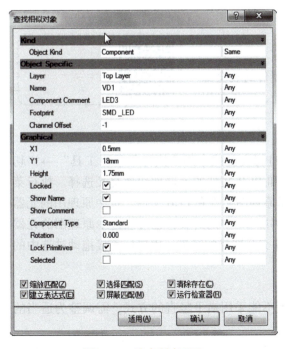

图 7-14　选中所有 LED

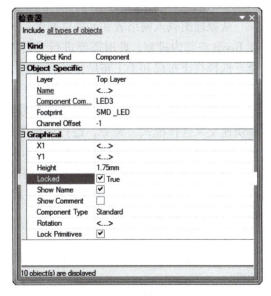

图 7-15　设置锁定状态

3. 从原理图加载网络表和封装到 PCB

对原理图文件进行编译，检查并修改错误。在原理图编辑器中执行菜单"设计"→

"Update PCB Document LED 灯.PCBDOC"命令，弹出"工程变化订单（ECO）"对话框，如图7-16所示，单击"使变化生效"按钮，在右侧"状态"栏将显示错误提示，根据提示返回原理图修改相应错误并保存。再次执行菜单"设计"→"Update PCB Document LED 灯.PCBDOC"命令，加载网络表和封装，当无原则性错误后，单击"执行变更"按钮，将元器件封装和网络表添加到PCB中。

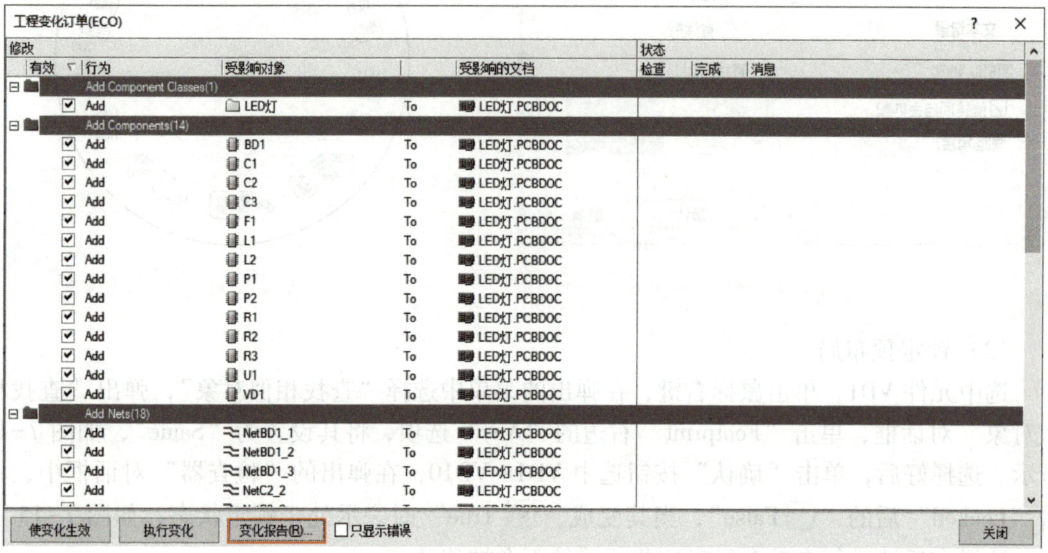

图7-16 加载网络表和封装

7.2.2 LED 灯 PCB 手工布局

7.2.2 LED 灯 PCB 手工布局

从原理图载入网络表和元器件封装后，元器件封装全部在 Room 空间内排列，此时需要进行元器件布局，布局采用交互选择快速布局和手工布局相结合的方式。

1. 交互选择快速布局

在进行元器件布局时，可以结合信号特点进行交互式布局。执行菜单"工具"→"切换快速交叉选择模式"命令，进行原理图文件和PCB文件的元器件快速交叉选择。执行菜单"Window"→"垂直排列"命令，同时显示原理图文件和PCB文件。选中原理图的元器件，则PCB中对应的封装也被选中；同样，选中PCB中的封装，也可以选中原理图的元器件。如图7-17所示为在选中原理图元件后PCB交互选择的结果，用鼠标直接拖动被选中的封装，可以进行快速布局。

2. 设置元器件旋转角度

本项目中，由于空间限制，元件C1的放置不能采用横平竖直的方式，需调整为适当的角度。

元器件默认旋转角度为90°，为实现其他角度旋转，必须先进行旋转角度设置。执行菜单"工具"→"优先设定"命令，弹出"优先设定"对话框，选中"General"选项，将"其他"区中的"旋转角度"栏设置为5，即每次旋转5°。

项目 7　高散热圆形 PCB 设计——LED 灯

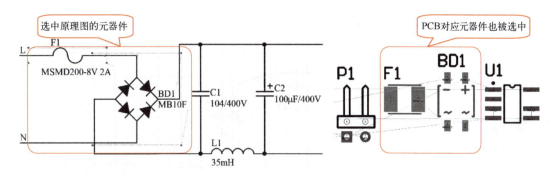

图 7-17　"交互式布局"的交互选择结果

3. 底层贴片元器件布局

本项目中 LED 驱动电路板采用单面板设计，既有贴片元器件也有通孔元器件，其中通孔元器件放置在顶层，而贴片元器件需布置在底层。

选中 LED 驱动电路板的所有贴片元件封装，执行"查找相似对象"，弹出的"查找相似对象"对话框，"Selected"右边的"Any"选项设为"Same"，然后在弹出的"检查器"对话框中，将"Layer（选择工作层）"更改为"Bottom Layer"。调整后底层贴片元器件布局如图 7-18 所示，底层的 3D 图形如图 7-19 所示。

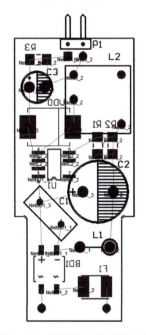
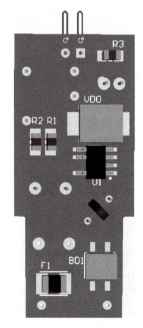

图 7-18　底层贴片元器件布局　　　图 7-19　底层的 3D 图形

4. 手工布局调整

用鼠标左键点住元器件不放，拖动鼠标可以移动元器件，在移动过程中按下〈Space〉键可以按每次 5°旋转元器件。若要改成 90°旋转，可重新设置"旋转角度"为 90°。

本例中 PCB 较小，直插元器件的焊盘对底层贴片元器件有影响，在布局中不能出现通孔焊盘与贴片元器件重叠现象。适当调整元器件间的间距，避免出现违反 PCB 的最小间距规则。

手工布局调整后的 PCB 如图 7-20 所示。

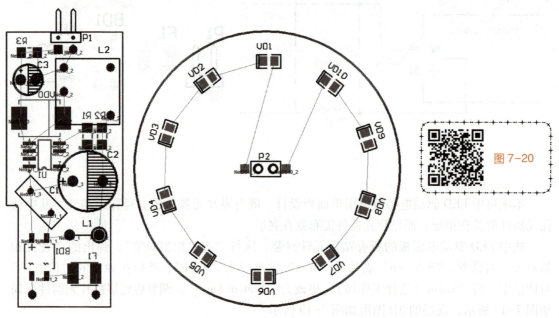

图 7-20　手工布局调整后的 PCB

5. 3D 显示布局情况

执行菜单"查看"→"显示三维 PCB"命令，生成"LED 灯.PCB3D"文件，可以查看 LED 灯的 3D 图，如图 7-21 和图 7-22 所示，拖动 3D 图形可各个方向查看 3D 图形，也可以查看底层的 3D 图，如图 7-19 所示。从中可以观察底层元件布局是否合理，注意观察元器件是否存在重叠放置问题，标号是否存在被元件体覆盖的问题，如有上述问题，可以返回"LED 灯.PCBDOC"文件进行调整。

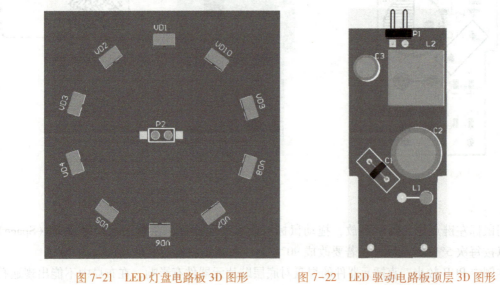 

图 7-21　LED 灯盘电路板 3D 图形　　图 7-22　LED 驱动电路板顶层 3D 图形

7.2.3 LED 灯 PCB 手工布线

1. 布线规则设置

执行菜单"设计"→"规则"命令,弹出"PCB 规则和约束编辑器"对话框,选中"Routing"选项下的"Width",设置线宽限制规则;设置"第一个匹配对象的位置"为"全部对象";约束的"Min Width"(最小宽度)为 1 mm、"Max Width"(最大宽度)和"Preferred Width"(优选宽度)为 1.5 mm。

选中"Plane"选项下的"Polygon Connect Style",设置"第一个匹配对象的位置"为"全部对象",约束的连接方式为"Direct Connect"。

2. 手工布线

1)修改焊盘尺寸。将 LED 驱动电路板上除电容 C1 外的其他元器件的焊盘 X、Y 尺寸均修改为 1.5 mm。

2)交互式布线。将工作层切换相应工作层,执行菜单"放置"→"交互式布线"命令,根据网络飞线进行连线,线路连通后,该线上的飞线将消失。连线转弯要求采用 45°或圆弧进行,可以在连线过程中按键盘上的〈Shift+Space〉键进行切换。

3)放置 LED 灯盘的覆铜。本例中 LED 灯盘采用顶层覆铜来设计,执行菜单"放置"→"覆铜"命令,弹出"覆铜"对话框,设置"层"为"Top Layer",设置"连接到网络"为相应的网络名,在下拉列表框选择"Pour Over All Same Net Objects",覆铜属性设置完成后单击"确认"按钮,然后单击鼠标左键开始放置覆铜,放置过程中同时按下〈Shift+Space〉键可以选择覆铜的旋转方式,放置完毕单击鼠标右键退出。

本项目 LED 灯盘电路板的多个区域覆铜基本相似,可以采用阵列粘贴的形式完成。

首先如图 7-23 所示设计一个局部区域的覆铜,然后裁剪该区域的覆铜,执行菜单"编辑"→"特殊粘贴"命令,进行圆形队列粘贴,在弹出的对话框中将"项目数"设置为 10,"间距(角度)"设置为 36,粘贴完成后修改所有覆铜的"连接到网络"为对应的网络名,并删除 LED 灯输入/输出区域的覆铜,调整后的 PCB 如图 7-24 所示,最后对输入/输出区域重新铺设导线和覆铜,设计完成的 LED 灯盘电路板如图 7-25 所示。

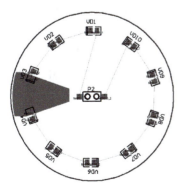

图 7-23 设计一个局部区域的覆铜

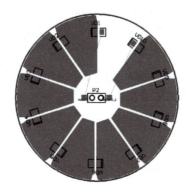

图 7-24 粘贴调整后的覆铜

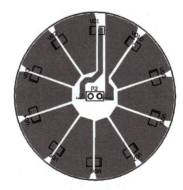

图 7-25 设计完成的 LED 灯盘电路板

本项目中 LED 驱动电路板的覆铜层为"Bottom Layer"。

如果对覆铜进行修改，在修改结束时会弹出的"Confirm"对话框，提示进行"Rebuild 1 polygons?"（重建覆铜?），选择"Yes"按钮，完成覆铜的修改。

4）独立焊盘布线。本例中连接灯头电源端的两个焊盘需要手工设置网络，根据电路原理图和布局图设置好该两个焊盘的网络，然后进行布线。

5）在布线过程中可以微调元器件的布局，并可以通过借用 L2 的空脚 0 来过渡连线，使用时必须设置好网络。

6）PCB 布线完毕，调整好丝网层的文字，以保证 PCB 的可读性，一般要求丝网的大小、方向要一致，不能放置在元器件框内或压在焊盘上。本例中丝网的高度调整为 1.2 mm，宽度为 0.2 mm。

至此，PCB 手工布线结束，最终的 PCB 如图 7-26 所示。

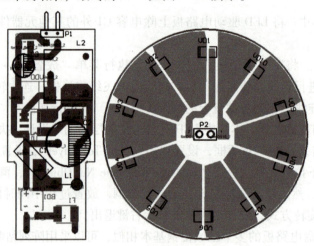

图 7-26 最终的 PCB

7.2.4 生成 PCB 的元器件报表

PCB 设计结束后，用户可以方便地生成 PCB 中用到的元器件清单报表。

在当前 PCB 设计图的状态下，执行菜单"报告"→"Bill of Materials"命令，弹出"PCB 文档元器件报表"对话框。用户可以在左侧"其他列"中选择要输出的内容，并显示在右侧的报告文件中。单击"输出"按钮，可以导出报表文档，系统默认以电子表格形式导出。

执行菜单"报告"→"Simple BOM"命令，输出简易元器件报表"LED 灯.BOM"，在其中显示元器件的相关信息，如图 7-27 所示。

经验之谈

1. LED 灯盘电路板是圆形，为方便进行覆铜规划，在覆铜铺设时，转角模式建议使用任意转角方式进行铺设。

2. 采用交互式布局可以直观地观察元器件的连接关系，有利于提高布局的效率。

```
■ LED灯.PCBDOC    ■ LED灯.BOM    ■ LED灯.CSV

Bill of Material for LED灯.PCBDOC
On 2024/4/21 at 17:15:32

Comment          Pattern        Quantity  Components
--------------------------------------------------------------------
100uF/400V       RB.2/.4        1         C2                                    Polarized Capacitor (Axial)
104/400V         RAD-0.2        1         C1                                    Capacitor
2.2uF/400V       RB.1/.2        1         C3                                    Polarized Capacitor (Axial)
344              CR3216-1206    1         R3                                    Resistor
3R00             CR3216-1206    1         R1                                    Resistor
4R70             CR3216-1206    1         R2                                    Resistor
ESIJ             DIODE SMC      1         VD0                                   Default Diode
HDR-CI           HDR-CI-2P      1         P2                                    Header, 2-Pin
HDR-WI           HDR-WI-2P      1         P1                                    Header, 2-Pin
Inductor Iron    ELQ48          1         L2                                    Magnetic-Core Inductor
Inductor         INDU-0.2       1         L1                                    Inductor
KP1052           SOP7           1         U1
LED3             SMD_LED        10        VD1, VD2, VD3, VD4, VD5, VD6,
                                          VD7, VD8, VD9, VD10
MB10F            MBF            1         BD1                                   Full Wave Diode Bridge
MSMD200-8V 2A    CC4532-1812    1         F1                                    Fuse
```

图 7-27 简易元器件报表

技能实训 9　LED 灯 PCB 设计

1. 实训目的

1) 了解 LED 灯电路工作原理。

2) 掌握圆形阵列粘贴布局方法。

3) 掌握交互式布局方法。

4) 进一步掌握 PCB 的手工布线方法。

5) 掌握元器件报表的生成方法。

2. 实训内容

1) 事先准备好如图 7-2 所示的 LED 灯原理图文件，并熟悉电路原理，观察 LED 灯实物。

2) 进入 PCB 编辑器，新建 PCB 文件"LED 灯.PCBDOC"，新建元器件库文件"LED 灯.PcbLib"，参考图 7-3~图 7-9 设计元器件的封装。

3) 载入 Miscellaneous Device.IntLIB、Miscellaneous Connectors.IntLib 和自制的 LED 灯.PcbLib 元器件库。

4) 编辑原理图文件，根据表 7-1 重新设置好元器件的封装。

5) 设置单位制为公制，捕获网格和元件网格 X、Y 尺寸均为 0.1 mm。

6) 规划 LED 灯盘 PCB。将当前工作层设置为 Keep Out Layer，执行菜单"放置"→"圆"命令，以坐标原点为圆心放置一个半径为 23 mm 的圆。

7) 规划 LED 驱动电路 PCB。执行菜单"放置"→"直线"命令，参考图 7-10 形状和尺寸绘制 LED 驱动电路板轮廓。

8) 将当前工作层设置为 Mechanical 1，在圆心的左右两侧距离圆心 1.27 mm 处，各放置一个半径为 0.7 mm 的圆，规划完成的 LED 灯 PCB 如图 7-11 所示，保存该 PCB 文件。

9）参考图 7-13 进行 LED 灯盘 PCB 预布局。手工放置贴片发光二极管 LED3 的封装 SMD_LED，剪切该元件，进行圆形队列粘贴，以灯板中心为圆心，在 18 mm 的半径上粘贴对应的 10 个封装，最后将粘贴好的 10 个封装设置为锁定状态完成预布局。

10）打开 LED 灯原理图文件，执行菜单"设计"→"Update PCB Document LED 灯.PCBDOC"命令，加载网络表和元器件封装，根据提示信息修改错误。

11）执行菜单"工具"→"切换快速交叉选择模式"命令进行元器件布局。

12）执行菜单"工具"→"优先设项"命令，设置旋转角度为每次旋转 5°，调整电容 C1 位置，并参考图 7-18 进行手工布局调整，尽量减少飞线交叉。

13）执行菜单"查看"→"显示三维 PCB"命令，查看 3D 视图，观察布局是否合理。

14）LED 灯盘 PCB 布线。参考图 7-23~图 7-25，采用队列粘贴的方式完成 LED 灯盘 PCB 布线。

15）参考图 7-26 进行交互式布线，布线线宽为 1.5 mm，转弯采用 45°方式或圆弧方式，布线结束调整元器件丝网层的文字。

16）参考图 7-26 放置 LED 驱动电路板覆铜，将相应覆铜的网络设置为对应网络。

17）执行菜单"报告"→"Bill of Materials"命令，生成元器件报表，输出电子表格形式的报告文档。

18）保存 PCB 文件和项目文件。

3. 思考题

1）如何设定元器件的旋转角度？
2）如何进行交互式布局的设置？
3）如何进行圆形阵列粘贴？
4）如何生成元器件报表？

思考与练习

1. 如何实现 15 个元器件的圆形阵列粘贴？
2. 完成预布局后，如何从原理图中加载网络表和其他元器件封装到 PCB？
3. 如何锁定预布局的元器件？
4. 根据如图 7-28 所示的电子镇流器电路原理图设计单面 PCB，产品实物图如图 7-29 所示，参考 PCB 如图 7-30 所示。

设计要求：

1）PCB 的尺寸为 83 mm×40 mm。
2）布局时元件离板边沿至少 2 mm。
3）整流滤波电路集中布局在板的左侧，在其附近设置交流电源接线端，为电源接线端预留两个焊盘，并设置好网络；振荡管布局在板的右侧。
4）扼流圈位于板的中下方，在板的中上方配合外壳为灯管接线端预留 4 个焊盘，并设置好网络。
5）振荡电路围绕振荡线圈和晶体管进行布局。

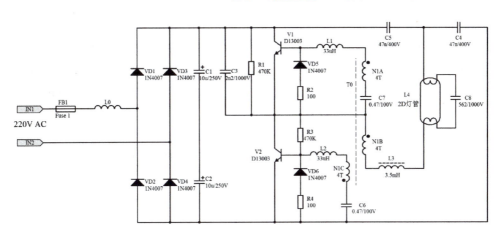

图 7-28 电子镇流器电路原理图

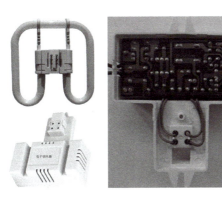

图 7-29 电子镇流器和 PCB 实物图

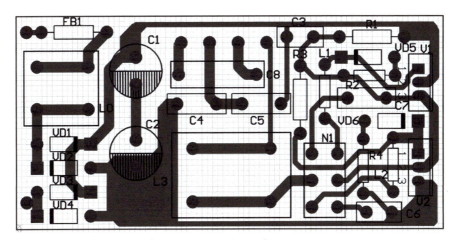

图 7-30 电子镇流器参考 PCB

6）布局调整时应尽量减少网络飞线的交叉。

7）高频振荡线圈 N1 是三只线圈并绕，注意同名端的连接。

8）扼流圈 L3 磁芯为 EI 型，有 4 个引脚，其中引脚 1、2 接线圈，引脚 3、4 为空脚，用于固定元件。

9）晶体管 V1、V2 在原理图中使用的元件是 NPN，其引脚顺序为 1C、2B、3E，而实际元件的引脚顺序为 BCE，因此应在 PCB 中将 V1、V2 封装的焊盘编号顺序改为 2、1、3。

10）布线采用手工布线方式进行，整流滤波电路和灯管连接线的线宽为 2 mm，其他为 1 mm。

11）连线转弯采用 45°或圆弧形式。

12）在空间允许的条件下可以使用覆铜加宽电源线和地线，以提高电流承受能力和稳定性。

项目 8 双面 PCB 设计——智能开关

知识与能力目标
1) 认知双面印制电路板
2) 了解双面 PCB 的自动布线参数设置
3) 掌握自动布线方法

素养目标
1) 培养学生认真负责，追求极致的职业品质
2) 培育学生精益求精、勇于创新的精神

本项目以智能开关为例，介绍 PCB 常用自动布线设计规则设置，使读者了解 PCB 开槽设置，掌握网络类的设置、网络类自动布线及露铜设置方法。

任务 8.1 了解智能开关

8.1.1 产品介绍

智能开关是智能家居的重要组成部分，主要由弱电主控板和强电开关板组成，通过程序控制实现电路的智能化控制，可以远程进行设备的开关操作。智能开关的实物图如图 8-1 所示，上方为弱电主控板，下方为强电开关板。

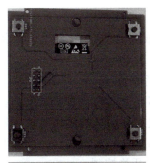 

图 8-1 智能开关实物图

智能开关电路原理图如图8-2所示，强电开关板由AC-DC电源电路、开关控制及接口电路、接口（强电）组成，弱电主控板由接口（弱电）、DC-DC电源电路、智能系统、开关按键电路组成。

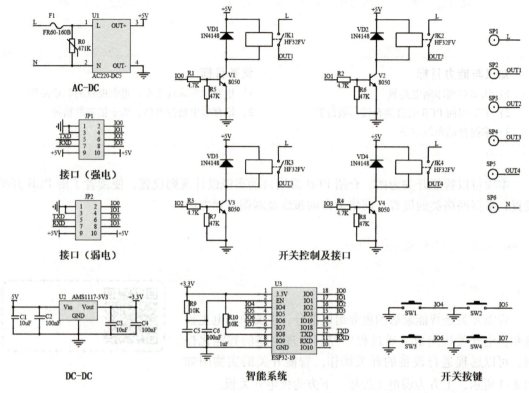

图8-2 智能开关电路原理图

1) AC-DC电源电路利用电源模块实现交流220 V转换成直流5 V，为智能开关提供稳定的直流电源；

2) DC-DC电源电路实现直流5 V转换成3.3 V，为智能系统供电；

3) 智能系统是由ESP32芯片构成的主控模块，ESP32芯片是国内自主研发的一款集成WiFi功能的微控制器，内置天线开关、RF射频模块、功率放大器、低噪声接收放大器、滤波器和电源管理模块，可以通过I/O（输入/输出）接口或WiFi通信收发信息，本电路通过I/O接口的4个按键、WiFi通信接收开关的状态信息，并进行开关控制；

4) 开关控制电路由4组相同的开关电路组成，以第一组电路为例，当开关SW1按下后，对应IO0接口输出高电平，晶体管V1导通，继电器JK1的线圈通电，继电器JK1的开关闭合，SP1与SP2导通，每组开关控制电路中均设置了限流电阻R1、下拉电阻R5，反相二极管VD1用来保护晶体管V1，其中VD1反向与线圈并联，用来保护晶体管不会被电感的反电动势击穿。

8.1.2 设计前准备

智能开关元器件采用贴片和通孔混合设计，设计前要对个别元器件进行元器件的原理图符号和 PCB 封装设计。

1. 绘制原理图元器件

在原理图中，电源模块、主控模块、接线柱的图形需要自行设计，元器件图形分别参考图 8-2 的 U1、U3 和 SP1，其中 U3 的引脚 0 被隐藏，并连接到"GND"网络。

2. 元器件封装设计

新建封装库"智能开关.Pcblib"，在该库中设计相关元器件封装。

1）主控模块 ESP32-C3-WROOM-02，采用贴片封装。整个模块看成一个器件，实物图如图 8-3 所示，封装名为 DFN-ESP32-19，图形如图 8-4 所示。两个相邻焊盘中心间距为 1.5 mm，两个相对焊盘中心间距为 17.6 mm，焊盘 X、Y 尺寸分别为 2 mm 和 1 mm，焊盘编号分别为 1~18，中心的焊盘 X、Y 尺寸均为 3 mm，焊盘编号为 0，形状均为 Rectangle。

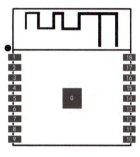

图 8-3　主控模块实物图　　　　图 8-4　主控模块的封装

2）轻触按键，采用贴片封装。封装名 SMD-SW6X6，图形如图 8-5 所示。外框尺寸为 6 mm×6 mm，两列焊盘中心间距为 8 mm，两行焊盘中心间距为 4 mm，同一行的两个焊盘编号相同，上下两行的焊盘编号分别为 1 和 2，焊盘的 X、Y 尺寸分别为 2 mm 和 1 mm，形状为 Rectangular。

3）稳压芯片 AMS1117，采用贴片封装。封装名 SOT223_M，图形如图 8-6 所示。封装图形可从 Miscellaneous Devices.IntLib 库中复制 DSO-G3 封装进行修改，将引脚编号 1~4 按顺序改为 2、3、1、3，并将封装名改为 SOT223_M。

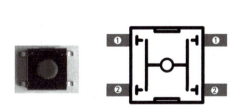

图 8-5　轻触按键的实物与封装　　　　图 8-6　稳压芯片的实物与封装

4）接线柱的封装。封装名 JXZ-1，图形如图 8-7 所示。焊盘 X、Y 尺寸分别为 6 mm 和 4 mm，孔径为 1.5 mm，编号为 1，形状为 Round，接线柱的引脚为方形，在 Mechanical 1（机械 1 层）规划 4.2 mm×1.5 mm 长方形代表方形的通孔；外形高度为 9.8 mm，底部为 5.2 mm×2.8 mm 的长方形，顶部为半径 3 mm 的半圆弧。

5）继电器的封装。封装名 DIP-RELAY，图形如图 8-8 所示。外框尺寸为 10.5 mm×

18.5mm，两行焊盘中心间距7.5mm，1、4和2、3焊盘中心间距分别为15mm和12.5mm，焊盘的X、Y尺寸分别为2mm和3mm，孔径为1mm，形状为Round。

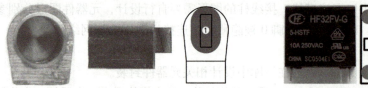

图8-7 接线柱的实物与封装　　　　　　图8-8 继电器的实物与封装

6）电源模块的封装。封装名SIP-AC-DC，图形如图8-9所示，封装外框尺寸24mm×15mm 它有4个引脚，从左往右，编号顺序为1~4，4个焊盘中心间距依次为4mm、12.5mm、2.5mm，编号1、2焊盘X、Y尺寸为4mm和2mm，编号3、4焊盘X、Y尺寸为4mm和1.8mm，孔径均为1mm。

图8-9 电源模块的实物与封装

3. 原理图设计

将元器件库Miscellaneous Devices.IntLib、Miscellaneous Connectors.IntLib、Zetex Discrete BJT.IntLib和自行设计的元器件封装库设置为当前库，根据图8-2绘制电路原理图，参考表8-1设置好元器件的封装，原理图设计完毕进行编译检查并修改错误，最后将原理图另存为"智能开关.SCHDOC"。

表8-1　ESP32智能开关元器件参数表

元器件类别	元器件标号	库元器件名	元器件所在库	元器件封装
方形熔断器	F1	Fuse 2	Miscellaneous Devices.IntLib	RAD-0.2
电源模块	U1	AC220-DC5	自制库	SIP-AC-DC（自制）
双排母	JP1~JP2	Header 5×2	Miscellaneous Connectors.IntLib	HDR2×5
继电器	JK1~JK4	Relay-SPDT	Miscellaneous Connectors.IntLib	DIP-RELAY（自制）
接线柱	SP1~SP6	WT-1	自制库	JXZ-1（自制）
晶体管	V1~V4	BC846B	Zetex Discrete BJT.IntLib	SOT23
二极管	VD1~VD4	Diode	Miscellaneous Devices.IntLib	CC3216-1206
电阻	R1~R10	Res2	Miscellaneous Devices.IntLib	C1608-0603
压敏电阻	R0	Res Varistor	Miscellaneous Devices.IntLib	RAD-0.2
主控模块	U2	ESP32-C3-WROOM-02-H4	自制库	DFN-ESP32-19（自制）
稳压芯片	U3	Volt Reg	Miscellaneous Devices.IntLib	SOT223_M（自制）
轻触按键	SW1~SW6	SW-PB	Miscellaneous Devices.IntLib	SMD-SW6X6（自制）
电容	C1~C6	Cap	Miscellaneous Devices.IntLib	C1608-0603

8.1.3 设计 PCB 时考虑的因素

智能开关的 PCB 分为两块：弱电主控板和强电开关板，在同一个 PCB 中进行设计，设计时考虑的主要因素如下。

1）智能开关的 PCB 电气轮廓规划如图 8-10 所示，强电开关板的电气轮廓尺寸为 54 mm×60 mm，弱电主控板的尺寸为 79 mm×79 mm。

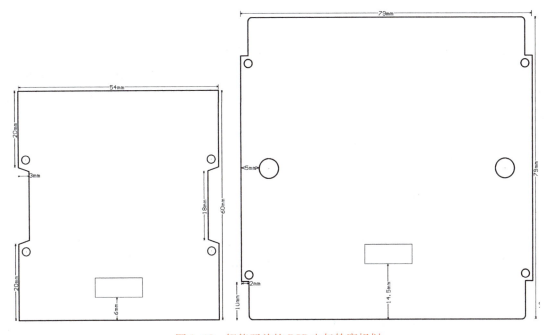

图 8-10　智能开关的 PCB 电气轮廓规划

2）焊盘的布置：两个板距离引脚边沿 2 mm 的处，放置 4 个直径和孔径均为 2 mm 的焊盘；弱电控制板离边沿 5 mm 的中部位置，各放置一个直径和孔径均为 5 mm 的焊盘。

3）强电和弱电连接使用排插（公母结合），为保证排插位置一致，两个板的中间位置的 Top Overlay 上各放置一个 5.1 mm×12.8 mm 的长方形，方便后期元件布局。

4）接线柱靠边沿等高等间距布局，各个接线柱相隔 9 mm，继电器开关点靠近接线柱放置。

5）4 个按键的位置坐落在弱电主控板的 4 个角落，距离边沿 5 mm 位置。

6）实际应用中，因智能开关结构和安装需要，两个电路板的顶层和底层两面都有元器件的布局，模块化布局时按 4 个模块进行布局。

7）强电开关板有大电流和小电流两种不同信号，元器件按信号各自集中布局。

8）主控模块相对居中，靠近连接排插的位置布局，主控模块有 WiFi 通信的板载天线，在天线位置的 PCB 进行开槽，开槽面积比天线面积大。

9）强电开关板的强电和弱电信号之间、强电信号不同网络之间设置开槽，并进行隔离。

10）布线采用手工和自动布线相结合的方式，全局线宽为 0.254 mm，两个电路连接处使用手工布线；强电开关板大电流部分加大线宽为 3 mm，并进行露铜设置；AC-DC 电路为高电压转低电压电路，输入信号适当加大线宽为 1 mm，与其他信号做好隔离，降低干扰；地线网络不单独布线，全板覆铜方式实现，其他网络连线按网络类进行自动布线。

任务 8.2　智能开关 PCB 布局

8.2.1　从原理图加载网络表和元器件封装到 PCB

1. 规划 PCB

新建 PCB 文件"智能开关.PCBDOC"，采用公制规划尺寸，捕获网格和元件网格 X、Y 尺寸设置为 0.1 mm。执行菜单"放置"→"直线"命令，参考图 8-10 的参数，在 Keep Out Layer 上绘制两块电路板的电气轮廓，切换工作层到 Top OverLay，在图中对应位置各放置一个 5.1 mm×12.8 mm 的长方形。

执行菜单"放置"→"焊盘"命令，按下〈Tab〉按键，在弹出的"焊盘"对话框中修改"孔径""X-尺寸""Y-尺寸"均为 2 mm，参考图 8-10 放置 8 个螺纹孔，同样方式放置两个 5 mm 的螺纹孔。

规划完毕，保存 PCB 文件。

2. 设置元器件库

本项目中将 Miscellaneous Devices.IntLib、Miscellaneous Connectors.IntLib、Zetex Discrete BJT.IntLib 和自制的元器件封装库"智能开关.PCBLIB"设置为当前库，以满足项目所有元器件封装的需求。

3. 从原理图加载网络表和元器件封装到 PCB

对原理图文件进行编译，检查并修改错误。执行菜单"设计"→"Update PCB Document 智能开关.PCBDOC"命令，加载网络表和元器件封装，当无原则性错误后，单击"执行变更"按钮，将元器件封装和网络表添加到 PCB 编辑器中。

8.2.2　PCB 模块化布局及手工调整

本例中采用模块化布局和手工布局相结合的方式进行元器件布局。

8.2.2　PCB 模块化布局及手工调整

1. 模块化布局

在集成度高、系统复杂的智能产品中，PCB 布局应该具有模块化的思维，即无论是在硬件原理图的设计还是在 PCB 布线中均使用模块化、结构化的设计方法。作为硬件设计人员，在了解系统整体架构的前提下，应该在原理图和 PCB 布线设计中融合模块化的设计思想，结合 PCB 的实际情况，规划好 PCB 的布局。

如图 8-2 所示的智能开关原理图布局时按 4 个模块进行，模块 1 包含 AC-DC、开关控制及接口电路中的接线柱 SP1~SP6 和继电器 JK1~JK4 布设在强电板底层；模块 2 包含接口（强电）、开关控制及接口电路中的其他元器件，布设在强电板顶层；模块 3 包含 DC-DC 和智能系统，布设在弱电板底层；模块 4 包含接口（弱电）和开关按键，布设在弱电板顶层。

模块化布局具体步骤如下。

1) 打开工程文件中相关的原理图文件和 PCB 文件，执行菜单"窗口"→"垂直排列"

命令,平铺两个文件窗口,以便后期观察。

2)在原理图编辑器中,执行菜单"工具"→"切换快速交叉选择模式"命令,开启交互选择,鼠标拉框选中模块 1 的元器件,对应 PCB 中的相关元器件也被选中。

3)打开"智能开关.PCBDOC"文件,执行菜单"工具"→"放置元件"→"矩形区内部摆列"命令,在拟放置元器件的位置单击确定放置的起点,移动光标到一定位置再次单击左键确定放置的终点,这样相应的器件将移动到该矩形区域中,完成模块 1 的预布局工作。

4)采用同样的方法对另外 3 个模块进行模块化布局。

5)设置底层元器件。选中模块 1 和模块 3 的封装器件,右击,在弹出的右键菜单中执行"查找相似对象"命令,弹出"查找相似对象"对话框,单击"Selected"栏右侧的下拉列表框,将"Any"修改为"Same",单击"确认"按钮,弹出"检查器"对话框,将"Layer"后选择项改为"Bottom Layer",在空白处单击,对应元器件封装修改为底层元器件,完成模块化布局,如图 8-11 所示。

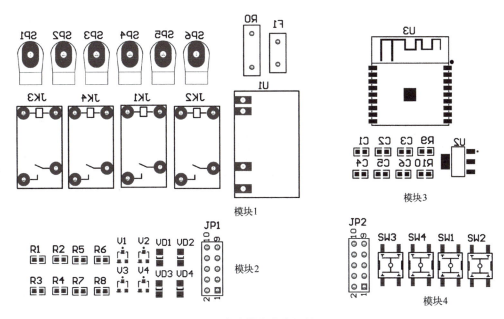

图 8-11 完成模块化布局的 PCB

2. 预布局调整

模块化布局后还要针对一些特殊元件进行手工预布局,本项目中要进行接口插座、接线柱、按键等器件的预布局,并锁定其位置。

1)两个接口插座放置在对应的规划区域,注意两个方向要保持一致。

2)接线柱布局在远离接口的边沿区域,SD1 和 SD6 距离两边的边沿均为 4.5 mm;其他接线柱按顺序等高等间距排列。

将所有接线柱按顺序移动到位,选中所有的接线柱,执行菜单"编辑"→"排列"命令,在弹出的菜单中分别依次执行"顶部对齐排列"和"水平分布"命令,完成等高等间距排列。

3) 四个按键分布在弱电板的四个角落，离边沿距离为 5 mm。

元器件预布局完成后需将已布局好的元器件锁定，具体方法为：双击该元器件，弹出"元件"对话框，选中"元件属性"区的"锁定"复选框，元器件被锁定；也可采用全局修改方式锁定元器件。

元器件锁定后，在后续布局时这些元器件不会被移动。完成预布局的 PCB 如图 8-12 所示。

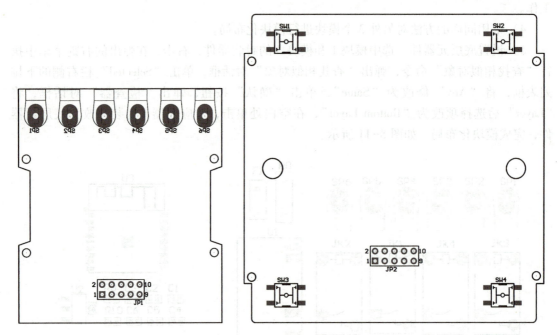

图 8-12　完成预布局的 PCB

3. 手工布局调整

根据电路的功能模块，通过移动元器件、旋转元器件等方法合理地调整其他元器件的位置完成布局调整，尽量减少网络飞线的交叉。

对于处于锁定状态的元器件，必须在"元件"对话框中取消选中"锁定"复选框后才能移动。

布局调整结束，选中所有元器件，执行菜单"编辑"→"排列"→"移动元件到网格"命令，将元器件移动到网格上以提高布线效率，进行布局微调。

8.2.3　网络类的创建与使用

网络类就是指把一些网络分在一个类别里。如某些网络都具有一些特性，需要进行特定的规则限制，如电源、差分、等长等，一般把这些网络放置在同一个类里面，一次性对这个类进行规则设置，这样既便于操作，又便于理解电路。

8.2.3　网络类的创建与应用

执行菜单"设计"→"对象类"命令，弹出"对象类资源管理器"对话框，可以在其中对电路的类进行管理，如图 8-13 所示。

鼠标右键单击网络类名称，弹出一个快捷菜单，如图 8-14 所示，可以进行网络类的追加、删除和重命名操作。

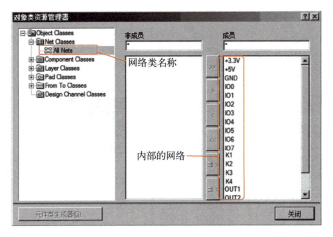

图 8-13　"对象类资源管理器"对话框

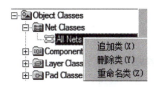

图 8-14　"追加类"命令

追加或修改好网络类的名称后，可以对该类网络成员进行"添加" 或"移除" 操作，如图 8-15 所示。

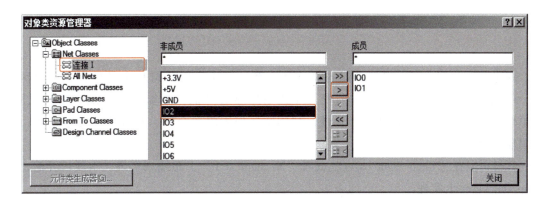

图 8-15　添加类的网络成员

本例中涉及两个电路板，且两个电路板之间存在着连接，它们之间连接的网络+5 V、IO0、IO1、IO2、IO3 归为"连接Ⅰ类"；弱电主控板中除Ⅰ类网络，其他网络归为"弱电板类"；强电开关板中大电流的网络 L、OUT1、OUT2、OUT3、OUT4 归为"大电流类"；220 V 的进线和 AC-DC 模块之间的网络 L、N、NetF1-1 归为"连接Ⅱ类"，除两个连接类和大电流类外，其他网络归为"小电流类"；GND 网络单独不归类。

网络类设置完毕，可以在工作区面板的"PCB"标签中观察相关信息。单击"PCB"标签，在"PCB"面板中选择"Nets"，此时工作区面板上将显示所有网络类、网络类对应的网络、网络对应的节点信息及 PCB 预览图等，如图 8-16 所示。在"网络类"区选中小电流，在"网络"区选择"NetR1_1"，则"网络项"区将显示所有与之相关的焊盘信息，工作区中所对应的焊盘和飞线高亮颜色显示，方便观察并进行局部布局调整。

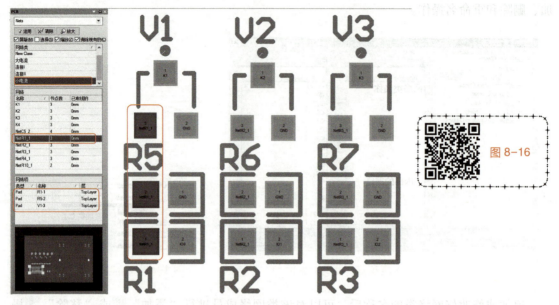

图 8-16　网络类的具体信息

8.2.4　开槽设置

在电路设计中，强弱电流之间的隔离至关重要。虽然 PCB 材料本身具有一定的耐压性，但长期使用后易沾染灰尘和潮气，导致耐压显著降低，增加电流泄漏和电弧风险。为了增强电气隔离，可在 PCB 上开槽，利用空气作为隔离介质，有效增加爬电距离，提高耐压性能。

开槽可以在"Keep—Out Layer"或者"Mechanical 1"上布线来实现，本项目开槽，在 Keep Out Layer 上实现。

1）首先选择层为 Keep—Out Layer，执行菜单"放置"→"直线"命令，在主控模块的天线位置画一个 20 mm×10 mm 的矩形槽。

2）开 1 mm 宽的线槽。执行菜单"放置"→"直线"命令，单击开始布线，按下〈Tab〉键，弹出"线约束"对话框，修改"线宽"为 1 mm，单击"确认"按钮，就可以放置 1 mm 直线。

3）开圆弧形的线槽。执行菜单"放置"→"圆弧（任意角度）"命令，按下〈Tab〉键，弹出"圆弧"对话框，修改"宽"为 1 mm，单击"确认"按钮，就可以放置 1 mm 圆弧，圆弧长度根据实际情况调整。

所有布局调整结束，删除 Room 空间，布局调整结束的 PCB 如图 8-17 所示。

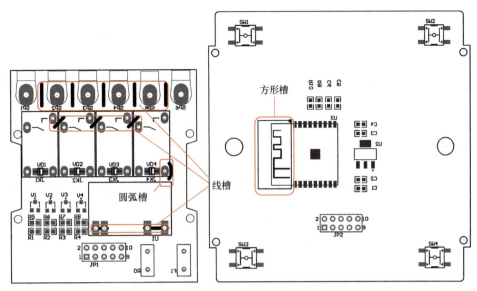

图 8-17 手工布局调整后的 PCB

任务 8.3 常用自动布线设计规则设置

在进行自动布线前,首先要设置布线规则,布线规则设置的合理性将直接影响到布线的质量和成功率。设计规则制定后,系统将自动监视 PCB,检查 PCB 中的图件是否符合设计规则,若有违反设计规则的图件,将以高亮显示违规内容。

执行菜单"设计"→"规则"命令,弹出"PCB 规则和约束编辑器"对话框,如图 8-18 所示。

图 8-18 "PCB 规则和约束编辑器"对话框

"PCB 规则和约束编辑器"对话框分成左右两栏,左边是树形列表,列出了 PCB 规则和约束的构成和分支,提供有 10 种不同的设计规则类,每个设计规则类还有不同的分类规则,单击各个规则类前的⊞符号,可以列表展开查看该规则类中的各个子规则,单击⊟符号则收起展开的列表;右边是各类规则的详细内容。

本例中要设置的规则主要集中在"Electrical"（电气设计规则）类别和"Routing"（布线设计规则）类别中。

1. Electrical（电气设计规则）

电气设计规则是 PCB 布线过程中所遵循的电气方面的规则，主要用于 DRC 电气校验。在"PCB 规则及约束编辑器"的规则列表栏中单击"Electrical"选项，该项下的所有电气设计规则将列表展开，电气设计规则如图 8-18 所示，包含了 4 个子规则。

（1）Clearance（安全间距规则）

安全间距规则用于设置 PCB 上不同网络的导线、焊盘、过孔及覆铜等导电图形之间的最小间距。通常情况下安全间距越大越好，但是太大的安全间距会造成电路布局不够紧凑，增加 PCB 的尺寸，提高制板成本。

单击图中的"Clearance"规则前的田符号，系统显示一个默认名称为"Clearance"的子规则，单击该规则名称，编辑区右侧区域将显示该规则的属性设置信息，如图 8-19 所示。

图 8-19　安全间距规则设置

图中系统默认的安全间距为 10 mil（0.254 mm），用户可以根据实际需要自行设置安全间距，安全间距通常设置为 5~20 mil（0.127~0.508 mm）。

在"第一个匹配对象的位置"和"第二个匹配对象的位置"区，可以设置规则适用的对象范围。

- "全部对象"：包括所有的网络和工作层；
- "网络"：在其后的下拉列表框中选择适用的网络；
- "网络类"：可在其后的下拉列表框中选择适用的网络类；
- "层"：可在其后的下拉列表框中选择适用的工作层；
- "网络和层"：可在其后的下拉列表框中分别选择适用的网络和工作层；
- "高级（查询）"：可以自定义适配项。

"约束"区提供三种网络适配范围选择：Different Nets Only（仅不同网络）、Same Nets

Only（仅相同网络）和 Any Nets（所有网络）。

在"最小间隙"的文本框直接输入参数值，可以对所有的间距参数进行设置，图中设置间距为 10 mil。

设定安全间距一般依赖于布线经验，在板的密度不高的情况下，最小间距可以设置大一些。最小间距的设置会影响到印制导线走向，用户应根据实际情况调整。

（2）Short-Circuit（短路约束规则）

短路约束规则用于设置 PCB 上的导线等对象是否允许短路。单击图 8-18 中的"Short-Circuit"规则，系统显示一个默认名称为"Short Circuit"的子规则，单击该规则名称，编辑区右侧区域将显示该规则的属性设置信息，如图 8-20 所示。

图 8-20　短路约束规则设置

从图中可以看出系统默认的短路约束规则是不允许短路。但在一些特殊的电路中，如带有模拟地和数字地的模数混合电路，在设计时，虽然这两个地是属于不同网络的，但在电路设计完成之前，设计者必须将这两个地在某一点连接起来，这就需要允许短路存在。为此可以针对两个地线网络单独设置一个允许短路的规则，在"第一个匹配对象的位置"和"第二个匹配对象的位置"区的"网络"中分别选中 DGND（数字地）和 AGND（模拟地），然后选中"允许短回路"复选框即可。

一般情况下，不选中"允许短回路"复选框。

（3）Un-Routed Net（未布线网络规则）

未布线网络规则用于检查指定范围内的网络是否已布线，对于未布线的网络，使其仍保持飞线。一般使用系统默认的规则，即适用于整个网络。

（4）Un-Connected Pin（未连接引脚规则）

未连接引脚规则用于检查指定范围内的元器件封装引脚是否已连接到网络，对于未连接的引脚给予警告提示，显示为高亮状态，系统默认状态为不使用该规则。

由于系统设置了自动 DRC 检查，当出现违反上述规则的情况时，违反规则的对象将高亮显示。

2. Routing（布线设计规则）

在"PCB 规则及约束编辑器"的规则列表栏中单击"Routing"选项，系统列表展开所有的布线设计规则，主要的子规则说明如下。

（1）导线宽度限制规则（Width）

导线宽度（简称线宽）限制规则用于设置布线时印制导线的宽度范围，可以定义 Min Width（最小宽度）、Max Width（最大宽度）和 Preferred Width（优选宽度），单击每个宽度栏并输入数值即可对其进行设置，如图 8-21 所示。

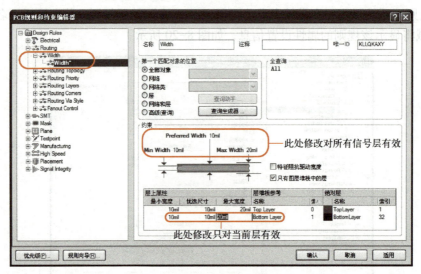

图 8-21　线宽限制规则设置

"第一个匹配对象的位置"区可以设置规则适用的范围；"约束"区用于设置布线线宽的大小范围，该区的设置对全部信号层有效。

在实际使用中，通常会针对不同的网络设置不同的线宽限制规则，特别是地线网络的线宽，此时可以建立新的线宽限制规则。

下面以新增线宽为 20 mil 的 GND 网络限制规则为例介绍设置方法。

右击"Width"子规则，系统将自动弹出一个菜单，如图 8-22 所示，选择"新建规则"命令，系统将自动增加一个导线宽度限制规则"Width_1"，在"第一个匹配对象的位置"区选中"网络"单选框，在其后的下拉列表框中选中网络"GND"，在"约束"区设置 Min Width、Max Width 和 Preferred Width 均为 20 mil，如图 8-23 所示。参数设置完毕单击"适用"按钮确认设置。

图 8-22　"新建规则"命令

若要删除规则，可右击要删除的规则，选择"删除规则"命令，将该规则删除。

一个电路中可以针对不同的网络设定不同的线宽限制规则，电源和地线设置的线宽一般较粗，图 8-24 所示为某电路的布线线宽限制规则，其中 GND 的线宽为 20 mil；VCC 的线宽为 20 mil；其他信号线的线宽设置：最小宽度为 10 mil，优选宽度为 10 mil，最大宽度为 20 mil。

由于设置了多个不同的线宽限制规则，必须设定它们的优先级，以保证布线的正常进行。单击图 8-24 中左下角"优先级"按钮，弹出"编辑规则优先级"对话框，如图 8-25 所示。

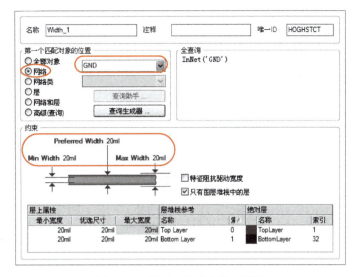

图 8-23 设置地线线宽限制规则

图 8-24 本例的线宽限制规则

图 8-25 "编辑规则优先级"对话框

选中规则,单击"增加优先级"或"减小优先级"按钮,可以改变线宽限制规则的优先级。本例中优先级最高的是"VCC",最低的是"All"。

(2) Routing Topology(网络拓扑结构规则)

网络拓扑结构规则主要设置自动布线时的拓扑结构,它决定了同一网络内各节点间的走线方式。在实际电路中,对不同信号网络可能需要采用不同的布线方式,如图 8-26 所示。

"第一个匹配对象的位置"区可以设置规则适用的范围,"约束"区的"拓扑逻辑"下拉列表框用于设置拓扑逻辑结构,一共有 7 种拓扑逻辑结构供选择。7 种拓扑逻辑结构如图 8-27 所示。

系统默认的布线"拓扑逻辑"结构规则为"Shortest"(最短距离连接)。

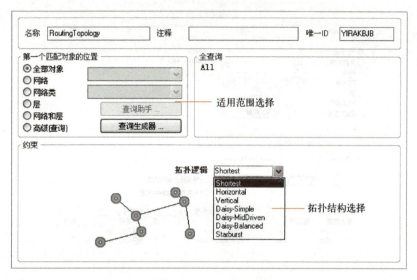

图 8-26　网络拓扑结构规则设置

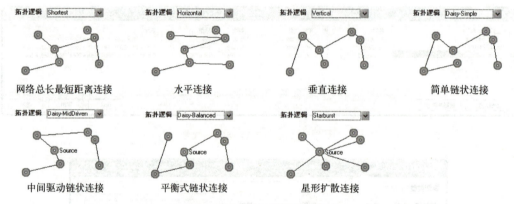

图 8-27　7 种拓扑逻辑结构

（3）Routing Priority（布线优先级）

布线优先级规则用于设置某个对象的布线优先级，在自动布线过程中，具有较高布线优先级的网络会被优先布线，布线优先级规则如图 8-28 所示，"第一个匹配对象的位置"区中可以设置规则适用的范围，"约束"区的"布线优先级"可以是 0~100 的数字，数值越大，优先级越高。

（4）Routing Layers（布线层规则）

布线层规则主要用于设置自动布线时所使用的工作层面，系统默认采用双面布线，即选中 Top Layer（顶层）和 Bottom Layer（底层），如图 8-29 所示。

如果要设置成单面布线，则只选中 Bottom Layer 作为布线板层，这样所有的印制导线都只能在底层进行布线。

（5）Routing Corners（布线转角规则）

布线转角规则主要是在自动布线时规定印制导线拐弯的方式，如图 8-30 所示。

在"约束"区的"风格"下拉列表框选择导线拐弯的方式，有三种拐弯方式供选择，即 90°拐弯（90 Degrees）、45°拐弯和圆弧拐弯（Rounded）。

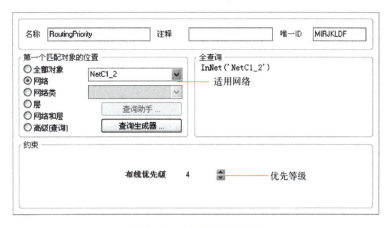

图 8-28 布线优先级设置

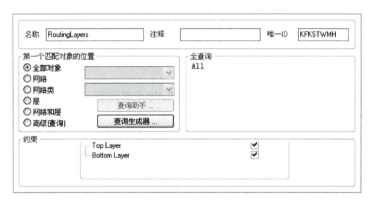

图 8-29 布线层设置

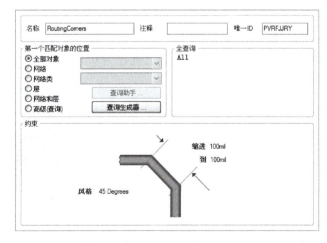

图 8-30 布线转角规则设置

"缩进"选项用于设置导线最小拐角，如果是 90°拐弯，没有此项；如果是 45°拐弯，表示拐角的高度；如果是圆弧拐角，则表示圆弧的半径。

"到"选项用于设置导线最大拐角。

默认情况下，规则适用于"全部对象"。

（6）Routing Vias（过孔类型规则）

过孔类型规则用于设置自动布线时所采用的过孔类型，可以设置规则适用的范围和过孔直径和孔径大小等，如图 8-31 所示。

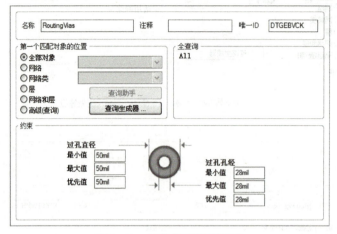

图 8-31　过孔类型规则设置

过孔通常在双面以上的板中使用，设计单面板时无须设置过孔类型规则。

3. 本项目中布线规则设置

1）安全间距规则设置："全部对象"为 0.254 mm。

2）短路约束规则：不允许短路。

3）布线转角规则：45°。

4）导线宽度限制规则：设置 3 个规则，"All"设置为最小 0.254 mm、最大 3 mm、优选 0.254 mm，"大电流类"网络类设置最小为 1 mm、最大为 3 mm、优选为 3 mm，"+5 V"网络类设置均为 1 mm。

5）布线层规则：选中 Bottom Layer 和 Top Layer 进行双面布线。

6）过孔类型规则：过孔直径为 1.2 mm，过孔孔径为 0.7 mm。

7）其他规则选择默认。

任务 8.4　智能开关 PCB 布线

8.4.1　手工预布线

8.4.1　手工预布线

1. 预布线

本项目自动布线之前需要进行部分线路的手工预布线，预布线主要涉及"连接Ⅰ"网络类和"连接Ⅱ"网络类，"连接Ⅰ"网络类中的+5 V 的网络线宽 1 mm，其他网络线宽 0.254 mm，"连接Ⅱ"网络类所有线宽 1 mm，稳压模块在焊盘位置有开槽，为了确保后期安装能有效连接，所有与其连接的线均在顶层，具体步骤如下。

1）执行菜单"设计"→"规则"命令，设置线宽限制规则，最小宽度、优选宽度和最大宽度分别为 0.254 mm、0.254 mm 和 3 mm。

2）打开工作区面板的"PCB"标签，选中"Nets"，选择"连接Ⅰ"，集中显示"连接Ⅰ"

的所有网络。

3) 执行菜单"放置"→"交互式布线"命令，对IO0、IO1、IO2、IO3 的网络进行布线，强电控制板在顶层布线，弱电控制板在底层布线。

4) 修改线宽限制规则，其中优选宽度改为 1 mm，+5 V 网络在顶层布线。

5) 选择"连接Ⅱ"，对"连接Ⅱ"类所有的网络进行布线，网络的连线在底层，其余在顶层。

6) AD-DC 模块的焊盘由于做了开槽处理，故需要将开槽后的上下部分焊盘连接，执行菜单"放置"→"圆弧（任意角度）"命令放置圆弧线，在相应位置进行连接。

完成预布线后的 PCB 如图 8-32 所示。

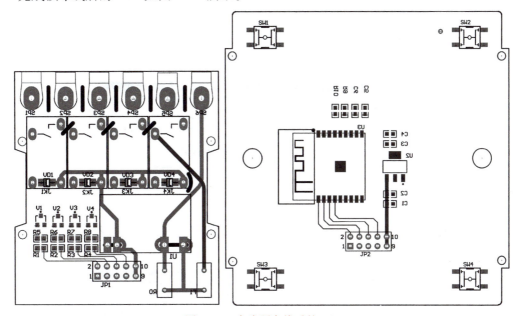

图 8-32　完成预布线后的 PCB

2. 锁定预布线

针对已经进行的预布线，如果要在自动布线时保留这些预布线，可以在自动布线器选项中设置锁定所有预布线。

执行菜单"自动布线"→"设定"命令，弹出"Situs 布线策略"对话框，如图 8-33 所示。

选中"锁定全局预布线"复选框，则锁定预布线，这样在自动布线时，已锁定的线将不再重布。

3. 查看已设置的布线设计规则

图 8-33 中的"布线设置报告"区中显示的是当前已设置的布线设计规则，用鼠标拖动该区右侧的拖动条可以查看布线设计规则，若要修改规则，可单击下方的"编辑规则"按钮，弹出"PCB 规则和约束编辑器"对话框，可在其中修改设计规则。

4. 设置布线层的走线方式

单击图 8-33 中的"编辑层方向"按钮，弹出如图 8-34 所示的"层方向"对话框，可以设置布线层的走线方向，系统默认为双面布线，顶层走水平线，底层走垂直线。

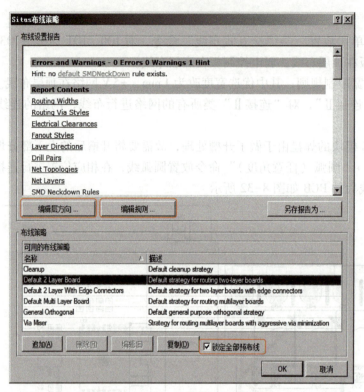

图 8-33 "Situs 布线策略"对话框

单击"当前设置"区下的"Automatic",出现下拉列表框,可以选择布线层的走线方向,如图 8-35 所示。

图 8-34 "层方向"对话框

图 8-35 选择布线层走线方向

走线方向具体说明如下。
- Not Used:不使用本层。
- Horizontal:本层水平布线。
- Vertical:本层垂直布线。
- Any:本层任意方向布线。
- 1~5 O″Clock:1~5 点钟方向布线。
- 45 Up:向上 45°方向布线。

- 45 Down：向下 45°方向布线。
- Fan Out：散开方式布线。
- Automatic：自动设置。

布线时应根据实际要求设置布线层的走线方式，如采用单面布线，设置 Bottom Layer 为 Any、其他层为 Not Used；采用双面布线时，设置 Top Layer 为 Vertical，Bottom Layer 层为 Horizontal，其他层为 Not Used。

一般在两层以上的 PCB 布线中，布线层的走线方式可以选择 Automatic，系统会自动设置相邻层采用正交方式走线。

5. 布线策略

在图 8-33 中，系统自动设置了 6 个布线策略，具体如下。
- Cleanup：默认的自动清除策略，布线后将自动清除不必要的连线。
- Default 2 Layer Board：默认的双面板布线策略。
- Default 2 Layer With Edge Connectors：默认的带边沿接插的双面板布线策略。
- Default Multi Layer Board：默认的多层板布线策略。
- General Orthogonal：默认的正交策略。
- Via Miser：多层板布线最少过孔策略。

用户如果要追加布线策略，可单击"追加"按钮进行设置，主要有以下几项。
- Memory：适用于存储器元器件的布线。
- Fan Out Signal/Fan out to Plane：扇出策略，适用于 SMD 焊盘的布线。
- Layers Pattern：智能性决定采用何种拓扑算法用于布线，以确保布线成功率。
- Main/Completion：采用推挤布线方式。

用户可以根据需要自行添加布线策略，在实际自动布线时，为了确保布线的成功率，可以多次调整布线策略，以达到最佳效果。

8.4.2 自动布线

预布线和布线规则设置完毕，就可以利用软件提供的自动布线功能进行自动布线。

8.4.2 自动布线

1. 常用的自动布线菜单命令

自动布线可以通过执行菜单"自动布线"下的命令来实现。

1) 全部对象：所有的网络被自动布线。
2) 网络：将光标移到需要布线的网络上单击，该网络立即被自动布线。
3) 网络类：在弹出的对话框中选择对应的网络类，则该类所有网络立即被自动布线。
4) 连接：将光标移到需要布线的某条飞线上，则该飞线所连接焊盘立即被自动布线。
5) 整个区域：用光标拉出一个区域，程序自动完成指定区域内的布线，凡是全部或部分在指定区域内的飞线都将被自动布线。
6) 元件：将光标移到需要布线的元器件上，则与该元器件的焊盘相连的所有飞线立即被自动布线。
7) 元件类：在弹出的对话框中选择对应的元件类，则该类所有元件立即被自动布线。
8) 在选择的元件上连接：先选中要自动布线的元件，执行此命令，则所有选中的元件上所有的飞线立即被自动连接；

9) 在选择的元件之间连接：所有选中的元件之间的所有飞线立即被自动连接。

2. 网络类自动布线

本例中 GND 网络不进行布线，因此选择网络类自动布线。执行菜单"自动布线"→"网络类"命令，弹出"Choose Object Class To Route（选择布线目标类）"对话框，如图 8-36 所示，依次选择"连接 Ⅱ""连接 Ⅰ""弱电板""小电流"及"大电流"，并单击"确认"按钮进行自动布线，自动布线的同时在图 8-37 所示的"Messages"窗口中将显示当前自动布线信息。

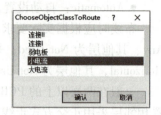

图 8-36　选择布线目标类

图 8-37　自动布线信息

一般自动布线的效果不能完全满足用户的要求，可以先观察布线中存在的问题，然后撤销布线，调整元器件网格大小，适当微调元器件的位置，再次进行自动布线，直到达到比较满意的效果。

8.4.3　PCB 布线手工调整

虽然 Protel DXP 2004 SP2 的自动布线布通率较高，但由于自动布线采用拓扑规则，有些地方不可避免会出现一些较机械的布线方式，影响了电路板的性能。

1. 观察窗口的使用

自动布线完毕需检查布线的效果，放大工作区，在工作区面板"PCB"标签底部的监视器中拖动观察窗来查看局部电路，以便于找到问题进行修改，如图 8-38 所示。

一般为保证观察时的准确性，把 PCB 放大，显示效果更好。

2. 拆除布线

调整布线常常需要拆除以前的布线，PCB 编辑器中提供有自动拆线功能和撤销功能，当用户对自动布线的结果不满意时，可以使用该工具拆除电路板图上的铜膜线而只剩下网络飞线。

(1) 撤销操作

PCB 编辑器中提供有撤销功能，单击主工具栏按钮，可以撤销本次操作。通过撤销操作，用户可以根据布线的实际情况考虑是否保留当前的内容，如果要恢复前次的操作，可以单击主工具栏按钮。

(2) 自动拆线

该功能可以拆除自动布线后的铜膜线，将布线后的铜膜线恢复为网络飞线，这样便于用户进行调整，它是自动布线的逆过程。

自动拆线的命令在"工具"→"取消布线"子菜单中，主要如下：

1) 全部：拆除电路板图上所有的铜膜线。

项目 8 双面 PCB 设计——智能开关

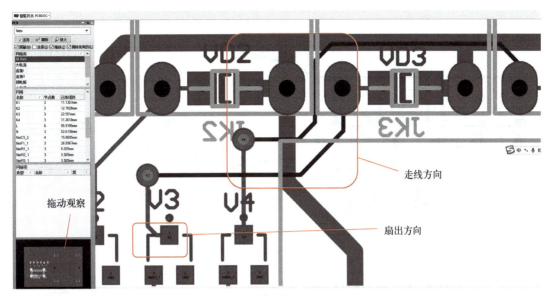

图 8-38 通过观察窗口查看局部 PCB

2）网络：拆除指定网络的铜膜线。

3）连接：拆除指定的两个焊盘之间的铜膜线。

4）器件：拆除指定元器件所有焊盘所连接的铜膜线。

5）Room：拆除指定 Room 空间内元器件连接的铜膜线。

3. 环路移除布线

在自动布线结束后，常有部分连线不够理想，如果全部删除后重新布线，则比较麻烦，此时可以采用软件提供的环路移除布线功能，对线路进行局部调整。

进入交互式布线状态，选择要重新布线的两个点，单击鼠标左键重新进行布线，布线结束单击鼠标右键，原有的线路将会被移除，留下新的线路。

4. 手工布线调整

对于某些只要局部调整的连线，可将工作层切换到连线所在层，执行菜单"放置"→"交互式布线"命令，结合环路移除布线重新进行布设。

在连线过程中按小键盘上的＜＊＞键可以在当前位置上自动添加过孔，并切换到另一层。

手工布线调整后的 PCB 如图 8-39 所示。

5. 放置接地覆铜

本例中 GND 网络的连接采用覆铜来完成。

1）执行菜单"设计"→"规则"命令，设置覆铜连接方式为直接连接，选中"Plane"中"Polygon Connect Style"子规则，将"连接方式"设置为"Direct Connect"。

2）执行菜单"放置"→"覆铜"命令，弹出"覆铜"对话框，"填充模式"选择"实心填充铜区"，"层"选择"Top Layer"，设置"连接到网络"为"GND"，选中"Pour Over Same Net Polygons Only"和"删除死铜"复选框单击"确认"按钮，放置覆铜。

3）完成顶层覆铜放置后，将该覆铜复制到底层。单击选中要复制的覆铜，执行菜单"编辑"→"复制"命令，单击覆铜执行确定参考点，执行菜单"编辑"→"粘贴"命令，

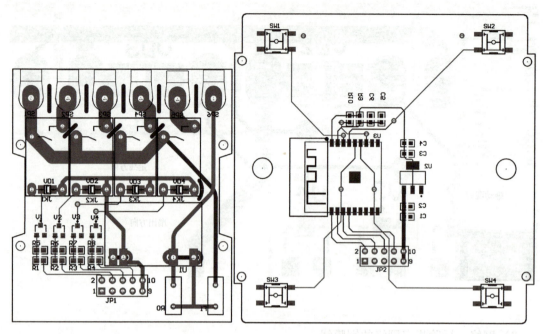

图 8-39　手工布线调整后的 PCB

将覆铜移动到合适的位置，单击放置覆铜，弹出"Confirm"对话框确认是否重画覆铜，单击"Yes"按钮放置覆铜。

放置后的覆铜工作层仍为 Top Layer，需将其修改为 Bottom Layer，双击粘贴后的覆铜，在弹出的对话框中修改"层"为"Bottom Layer"，"连接到网络"为"GND"，单击"确认"按钮，弹出"Confirm"对话框，选择"Yes"按钮完成覆铜属性修改和重画。

为了让顶层和底层的覆铜更有效连接，可以在适当的位置放置过孔来连接，图 8-40 和图 8-41 所示分别为覆铜后的 PCB 顶层视图和底层视图。

设置露铜区域

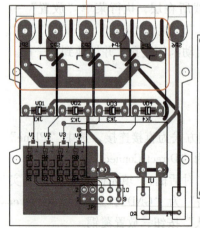
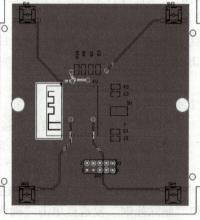

图 8-40

图 8-40　覆铜后的 PCB 顶层视图

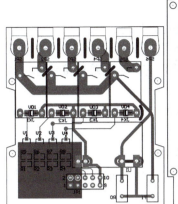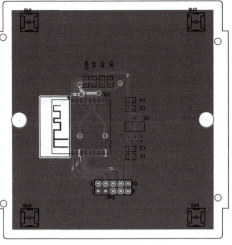

图 8-41 覆铜后的 PCB 底层视图

8.4.4 露铜设置

露铜一般是为了在过锡时能上锡，增大铜箔厚度，增大带电流的能力，或者用于连接贴片元器件的散热引脚，通常应用在电流比较大或散热要求较高的场合。

本例中露铜主要为过锡使用，在大电流类网络设置露铜，如图 8-40 所示的露铜区域。具体步骤如下：将工作层切换到 Top Solder（顶层阻焊层），执行菜单"放置"→"直线"命令，修改线宽为 3 mm，在相应的连线处开始放置直线。这样在制板时该区域不会覆盖阻焊漆，而是露出铜箔。

至此智能开关 PCB 绘制完毕，保存文件完成设计。

> **经验之谈**
>
> 1. 在 Keep-Out Layer 上设置开槽，进行 DRC 检查，出现违反规则情况，出现高亮显示时，要注意观察，若符合实际需求可忽略高亮警告。
>
> 2. 由于环路移除的特点，布置稳压模块上同一个焊盘的连接时，应先完成正常布线，再放置圆弧，避免圆弧被自动移除。
>
> 3. 弱电主控板进行覆铜时要选中"删除死铜"复选框，避免开槽处也布置覆铜。

技能实训 10　智能开关 PCB 设计

1. 实训目的

1）掌握双面 PCB 布局布线的基本原则。

2）掌握 PCB 自动布局、自动布线规则的设置。

3) 掌握预布局、预布线的方法。
4) 掌握露铜的使用。

2. 实训内容

1) 事先准备好图 8-2 所示的智能开关原理图文件，并熟悉电路原理。

2) 进入 PCB 编辑器，新建 PCB 文件"智能开关.PCBDOC"，新建元器件库"智能开关.PcbLib"，参考图 8-3~图 8-9 设计主控模块、轻触按键、稳压芯片、马蹄形接线柱、继电器、电源模块的封装。

3) 载入 Miscellaneous Device.IntLIB、Miscellaneous Connectors.IntLib、Zetex Discrete BJT.IntLib 和自定义的"智能开关.PcBLib"元器件库。

4) 编辑原理图文件，参考表 8-1 重新设置好元器件的封装。

5) 切换单位制为公制，设置捕获网格和元件网格的 X、Y 均为 0.1 mm，可视网格标记为 Line，网格 2 为 1 mm。

6) 参考图 8-10 规划 PCB，两个电气轮廓分别为 54 mm×60 mm 和 79 mm×79 mm。

7) 参考图 8-10 放置螺纹孔。在两块板上放置 8 个 φ2 mm 的螺纹孔，在弱电主控板离边沿 5 mm 的中部位置，各放置一个 φ5 mm 的螺纹孔。

8) 打开智能开关原理图文件，执行菜单"设计"→"Update PCB Document 智能开关.PCBDOC"命令，加载网络表和元器件封装，根据提示信息修改错误。

9) 进入"智能开关.SCHDOC"文件，选择模块 1 的元器件，进入"智能开关.PCBDOC"文件，执行菜单"工具"→"放置元件"→"矩形区内部排列"命令，选中一个矩形区域，对相应模块元器件进行自动布局，参考图 8-11 完成模块布局。

10) 选中模块 1 和模块 3，将器件封装改为底层布局。

11) 针对 4 个按键、两个接口、6 个接线柱，参考图 8-12 进行手工预布局。

12) 创建类，完成弱电板类、连接Ⅰ类、大电流类、连接Ⅱ类、小电流类的设置。

13) 根据布局原则，结合各类网络，参考图 8-17，按模块完成其他器件的布局手工调整。

14) 参考图 8-17，分别执行"放置"→"直线"命令、"放置"→"圆弧（任意角度）"命令，完成开槽设置。

15) 执行菜单"设计"→"规则"命令，设置全局导线宽度限制规则：最小为 0.254 mm，最大为 3 mm，首选 0.254 mm。

16) 执行菜单"放置"→"交互式布线"命令，参考图 8-32，进行预布线并锁定。

17) 自动布线规则设置。

安全间距规则设置：全部对象为 0.254 mm；短路约束规则：不允许短路；布线转角规则：45°；导线宽度限制规则：设置 3 个规则，"All"设置最小为 0.254 mm、最大为 3 mm、首选 0.254 mm，"大电流类"网络类设置最小为 1 mm、最大为 3 mm、优选 3 mm，"+5 V"网络类设置均为 1 mm；布线层规则：选中 Bottom Layer 和 Top Layer 进行双面布线；过孔类型规则：过孔直径为 1.2 mm，过孔孔径为 0.7 mm；其他规则选择默认。

18) 执行菜单"自动布线"→"网络类"命令，分别选择弱电板类、小电流类、大电流类，单击"确认"按钮，完成自动布线操作。

19) 参考图 8-39 进行手工布线调整。

20) 参考图 8-40 和图 8-41 放置双面 GND 网络的覆铜。

21）参考图8-40设置露铜。

22）保存文件。

3. 思考题

1）如何进行网络类的设定？

2）如何设置元器件布线规则？

3）如何设置露铜？

思考与练习

1. 简述印制板自动布线的流程。
2. 如何进行元器件模块布局？
3. 为什么在自动布线前要锁定预布线？如何锁定预布线？
4. 如何设置线宽限制规则？
5. 如何在同一种设计规则下设定多个限制规则？
6. 露铜有何作用？如何在电路中设置露铜？
7. 根据如图8-42所示的流水灯电路原理图，设计PCB，采用双面PCB设计。

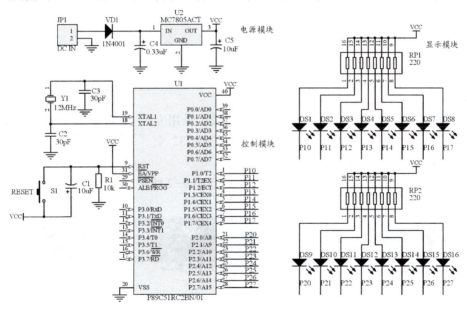

图8-42 流水灯电路原理图

设计要求：采用圆形PCB，其机械轮廓半径为51 mm，电气轮廓为50 mm，禁止布线层距离板边沿1 mm；注意电源插座和复位按钮的位置，并放置三个固定安装孔；三端稳压块靠近电源插座，采用卧式放置，为提高散热效果，在顶层对应散热片的位置预留大面积露铜；晶振靠近连接的IC引脚放置，采用对层屏蔽法，在顶层放置接地覆铜进行屏蔽；由于16个发光二极管采用圆形排列，采用预布局的方式，通过阵列式粘贴，先放置16个发光二极管，再加载其他元器件；地线网络线宽为0.75 mm，电源网络线宽为0.65 mm，其他网络线宽为0.5 mm。

项目 9　双面贴片 PCB 设计——USB 转串口连接器

> **知识与能力目标**
> 1) 熟练掌握双面板的设计方法
> 2) 熟练掌握贴片元器件的使用
> 3) 掌握元器件双面贴放方法和 SMD 布线规则
> 4) 掌握泪滴的使用方法
> 5) 掌握设计规则检查的方法
>
> **素养目标**
> 1) 融合国家标准和行业规范，培养学生的标准意识、规范意识和科学精神
> 2) 培养学生认真负责的工作态度

本项目通过 USB 转串口连接器的设计介绍元器件双面贴放 PCB 的方法，使读者掌握贴片元器件的使用及元器件双面贴放 PCB 的设计方法。

任务 9.1　了解 USB 转串口连接器产品及设计前准备

9.1.1　产品介绍

9.1.1　产品介绍

USB 转串口连接器用于 MCU 与 PC 进行通信，采用专用接口转换芯片 PL-2303HX，该芯片提供一个 RS-232 全双工异步串行通信装置与 USB 接口进行连接。

USB 转串口连接器实物如图 9-1 所示，电路如图 9-2 所示。

图 9-1

图 9-1　USB 转串口连接器实物

PL-2303HX 将从 DM、DP 端接收到的数据，经过内部处理后，从 TXD、RXD 端按照串行通信的格式传输出去。图中，P1 为串行数据输出接口，采用 4 芯杜邦连接线对外连接；J1 为用户板供电选择，将 U1 的引脚 4 VDD_325 接 5 V，模块为用户板提供 5 V 供电，接 3.3 V 则模块为用户板提供 3.3 V 供电；VD1~VD3 为 3 个 LED，分别为 POWER LED、RXD LED 和 TXD LED；Y1、C1、C2 为 U1 外接的晶振电路；USB 为 USB 接口，从 D-、D+传输数据；C3~C6 为滤波电容，其中 C3 为 VCC5 V 滤波，C4 和 C5 为 VCC3.3 V 滤波，C6 为 VCC 滤波。

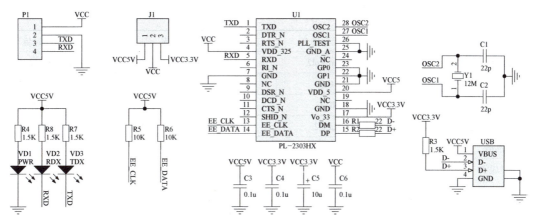

图 9-2　USB 转串口连接器电路原理图

9.1.2　设计前准备

1. 绘制原理图元器件

电路中的接口转换芯片 PL-2303HX 在元器件库中没有，需自行设计原理图元器件，其外形及引脚功能参见图 9-2，封装设置为 SSOP28。

9.1.2　设计前准备

2. 元器件封装设计

1）12M 晶振的封装名 XTAL12M，其图形如图 9-3 所示。焊盘中心间距为 200 mil，焊盘尺寸为 60 mil，圆弧半径为 60 mil。

2）沉板式贴片 USB 接口封装图形：沉板式贴片 USB 接口实物图如图 9-4 所示，它有 4 个贴片引脚，2 个外壳屏蔽固定脚，2 个突起用于固定。设计封装时 4 个贴片引脚采用贴片式焊盘，2 个外壳固定脚采用通孔式焊盘，2 个突起对应处设置 1 mm 的螺纹孔。

图 9-3　晶振实物图及封装图　　　　图 9-4　沉板式贴片 USB 接口实物图

USB 接口封装如图 9-5 所示，封装名为 USB。其中外框尺寸为 16 mm×12 mm；贴片焊盘 X-尺寸为 2.5 mm、Y-尺寸为 1.2 mm，层为 Top Layer、孔径为 0 mm；通孔焊盘 X-尺寸为 3.8 mm、Y-尺寸为 3 mm、孔径为 2.3 mm；螺纹孔 X-尺寸为 1 mm、Y-尺寸为 1 mm、孔径为 1 mm；贴片焊盘打点处为焊盘 1，焊盘 1、2 及焊盘 3、4 中心间距为 2.5 mm，焊盘 2、3 中心间距为 2 mm，通孔焊盘 5、6 中心间距为 12 mm，螺纹孔中心间距为 4 mm。

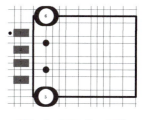

图 9-5　USB 接口封装

3. 原理图设计

根据图 9-2 绘制电路原理图，并进行编译检查，元器件的参数如表 9-1 所示。

表 9-1 USB 转串口连接器元器件参数

元器件类别	元器件标号	库元器件名	元器件所在库	元器件封装
贴片电解电容	C5	Cap Pol2	Miscellaneous Devices.IntLib	CC3216-1206
贴片电容	C1~C4、C6	Cap	Miscellaneous Devices.IntLib	CC1608-0603
贴片电阻	R1~R8	Res2	Miscellaneous Devices.IntLib	CR1608-0603
贴片发光二极管	VD1~VD3	LED2	Miscellaneous Devices.IntLib	SMD_LED
晶振	X1	XTAL	Miscellaneous Devices.IntLib	XTAL12M（自制）
集成块	U1	PL2303HX	自制	SSOP28
3 脚排针跳线	J1	Header 3	Miscellaneous Connectors.IntLib	HDR1X3
4 脚排针跳线	P1	Header 4	Miscellaneous Connectors.IntLib	HDR1X4
USB 接口	USB	1-1470156-1	AMP Serial Bus USB.IntLib	USB（自制）

将自行设计的元器件封装库设置为当前库，依次将原理图中的元器件封装修改为表中的封装，最后将文件保存为"USB 转串口连接器.SCHDOC"。

9.1.3 设计 PCB 时考虑的因素

该电路采用双面板进行设计，元器件双面贴放，设计时考虑的主要因素如下。

1）PCB 采用矩形双面板，尺寸为 48 mm×17 mm。

2）在 PCB 的 USB 接口附近放置 2 个直径为 3.5 mm、孔径为 2 mm 的焊盘作为螺纹孔，并将网络设置为 GND。

3）将串口连接和 USB 接口分别置于 PCB 的两边，其外围元器件置于顶层。

4）芯片置于板的中央，晶振靠近放置在连接的 IC 引脚，振荡回路就近放置在晶振边上。

5）发光二极管置于顶层便于观察状态，VD1 的限流电阻就近置于顶层，VD2、VD3 的限流电阻就近置于底层。

6）电源跳线 J1 置于板的边缘，便于操作。

7）电源滤波电容就近放置在芯片电源附近，元器件置于底层。

8）地线不用单独连接，采用多点接地法，在顶层和底层都铺设接地覆铜。

9）本电路工作电流较小，线宽可以细一些，电源网络的线宽采用 0.381 mm，其余的线宽采用 0.254 mm，PCB 中设置泪滴。

10）为便于连接，在顶层丝网层为串口连接端的排针和电源跳线 J1 设置文字说明。

任务 9.2 PCB 双面布局

9.2 PCB 双面布局

9.2.1 从原理图加载网络表和元器件到 PCB

1. 规划 PCB

新建 PCB 项目文件，将其保存为"USB 转串口连接器.PrjPcb"；新建 PCB 文件，将其保存为"USB 转串口连接器.PcbDoc"；设置单位制为 Metric（公制）；设置可视网格 1、2

分别为 1 mm 和 10 mm；捕获网格 X、Y，元件网格 X、Y 均为 0.5 mm，并将可视网格 1 设置为显示状态；坐标原点设置为显示状态。

在 Keep out Layer 上定义 PCB 的电气轮廓，尺寸为 48 mm×17 mm；在板的左侧距板的短边 10 mm、长边 3 mm 处放置 2 个直径 3.5 mm、孔径 2 mm 的焊盘作为螺纹孔。

2. 从原理图加载网络表和元器件到 PCB

打开设计好的原理图文件"USB 转串口连接器.SCHDOC"，执行菜单"设计"→"Update PCB Document USB 转串口连接器.PCBDOC"命令，弹出"工程变化订单"对话框，显示本次更新的对象和内容，单击"使变化生效"按钮，系统将自动检查各项变化是否正确有效，所有正确的更新对象在检查栏内显示"√"符号，不正确的显示"×"符号，根据实际情况查看更新的信息是否正确。单击"执行变化"按钮，系统将接受工程变化，将元器件封装和网络表添加到 PCB 编辑器中，单击"关闭"按钮关闭对话框，系统将自动加载元件。

将 Room 空间移动到电气边框内，执行菜单"工具"→"放置元件"→"Room 内部排列"命令，移动光标至 Room 空间内单击，元器件将自动按类型整齐地排列在 Room 空间内，右击结束操作。

9.2.2　PCB 双面布局操作

本例中元器件采用双面布局，小贴片元器件 R5~R8、C1~C6 放置在底层（Bottom Layer），其余元器件放置在顶层（Top Layer）。

1. 底层元器件设置

在 Protel DXP 2004 SP2 中系统默认元器件放置在顶层，本例中部分元器件放置在底层，需进行相应的设置。

双击要放置在底层的元器件（如 R7），弹出"元件"对话框，如图 9-6 所示，单击"元件属性"区"层"后面的下拉列表框，选择 Bottom Layer，将元件层设置为底层。设置后贴片元器件的焊盘变换为底层，元器件的丝网自动变换为底层丝网层（Bottom Overlay）。

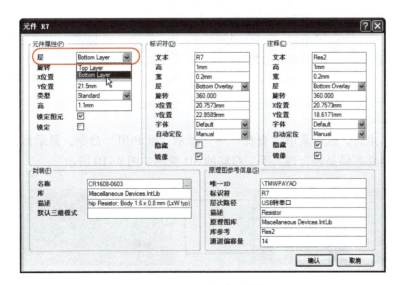

图 9-6　设置底层元器件

在默认情况下，底层丝网层（Bottom Overlay）是不显示的，设置完毕只能看见元器件的焊盘，而元器件的丝网是看不见的。

2. 设置底层丝网的显示状态

执行菜单"设计"→"PCB 层次颜色"命令，弹出"板层和颜色"设置对话框，在"丝印"区选中"Bottom Overlay"后的"表示"复选框，单击"确认"按钮完成设置。设置后屏幕上将显示底层元器件的丝网，底层丝网与顶层丝网是镜像关系。

3. 设置 PCB 形状

执行菜单"设计"→"PCB 形状"→"重定义 PCB 形状"命令，沿着电气轮廓定义 48 mm×17 mm 的长方形 PCB。

4. 元器件布局

参考设计 PCB 时考虑的因素进行手工布局，通过移动元器件、旋转元器件等方法合理调整元器件的位置，减少网络飞线的交叉。

图 9-7 所示为顶层的元器件布局图，图中关闭了底层；图 9-8 所示为底层的元器件布局图，图中关闭了顶层；图 9-9 所示为双面放置的元器件布局图。

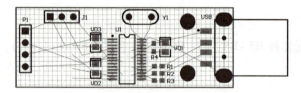

图 9-7　顶层的元器件布局图

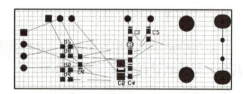

图 9-8　底层的元器件布局图

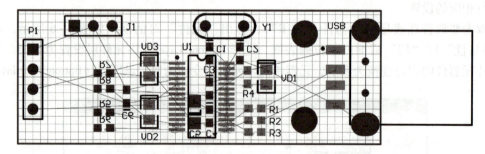

图 9-9　双面放置的元器件布局图

5. 3D 显示布局视图

布局调整结束后，执行菜单"查看"→"显示三维 PCB"命令，显示元器件布局的 3D 视图，观察元器件布局是否合理。手工布局的 3D 视图如图 9-10 所示。

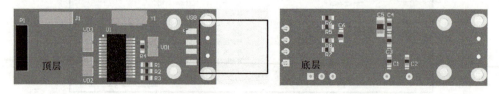

图 9-10　手工布局的 3D 视图

任务 9.3　PCB 布线

9.3.1　SMD 元器件的布线规则设置

对于 SMD 元器件布线，除了要进行电气设计规则和布线设计规则设置外，还需进行 SMD 元器件的布线规则设置。

执行菜单"设计"→"规则"命令，弹出"PCB 规则和约束编辑器"对话框，左边的树形列表中列出了 PCB 规则和约束的构成和分支。

1. Fanout Control（扇出式布线规则）

扇出式布线规则是针对元器件在布线时从焊盘引出连线通过过孔到其他层的约束。从布线角度看，扇出就是把贴片元器件的焊盘通过导线引出来并加上过孔，使其可以在其他层面上继续布线。

单击"PCB 规则和约束编辑器"规则列表栏中的"Routing"项，系统展开所有的布线设计规则列表，选中其中的"Fanout Control"（扇出式布线规则），如图 9-11 所示，默认状态下包含 5 个子规则，分别针对 BGA 类元器件、LCC 类元器件、SOIC 类元器件、Small 类元器件和 Default（默认）设置，可以设置扇出的风格和扇出的方向，一般选用默认设置。

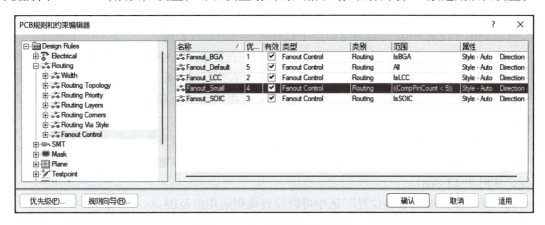

图 9-11　扇出式布线规则设置

本例中的元器件属于 Small 类元器件。

2. SMT 元器件布线设计规则

SMT 元器件布线设计规则是针对贴片元器件布线设置的规则，主要包括 3 个子规则，选中图 9-11 所示"PCB 规则和约束编辑器"规则列表栏中的"SMT"项，可以设置 SMT 子规则，系统默认为未设置规则。

（1）SMD To Corner（SMD 焊盘与拐角处最小间距规则）

此规则用于设置 SMD 焊盘与导线拐角的最小间距大小。执行菜单"设计"→"规则"命令，弹出"PCB 规则和约束编辑器"对话框，单击"SMT"项打开子规则，右击"SMD To Corner"子规则，在弹出的快捷菜单中选择"新建规则"，系统建立"SMD To Corner"子规则，单击该规则名称，编辑区右侧区域将显示该规则的属性设置信息，如图 9-12 所示。

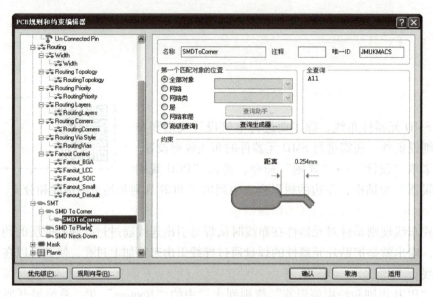

图 9-12　SMD 焊盘与拐角处最小间距规则设置

图中的"第一个匹配对象的位置"区中可以设置规则适用的范围,"约束"区中的"距离"用于设置 SMD 焊盘到导线拐角的最小间距。

(2) SMD To Plane(SMD 焊盘与电源层过孔间的最短长度规则)

此规则用于设置 SMD 焊盘与电源层中过孔间的最短布线长度。

右击"SMD To Plane"子规则,系统弹出一个子菜单,选中"新建规则",系统建立"SMD To Plane"子规则,单击该规则名称,编辑区右侧区域将显示该规则的属性设置信息,在"第一个匹配对象的位置"区中可以设置规则适用的范围,在"约束"区中的"距离"可以设置最短布线长度。

(3) SMD Neck-Down Constraint(SMD 焊盘与导线的比例规则)

此规则用于设置 SMD 焊盘在连接导线处的焊盘宽度与导线宽度的比例,可定义一个百分比,如图 9-13 所示。

在"第一个匹配对象的位置"区中可以设置规则适用的范围,在"约束"区中的"颈缩"可以设置焊盘宽度与导线宽度的比例,如果导线的宽度太大,超出设置的比例值,则视为冲突,不予布线。

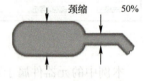

图 9-13　比例规则设置

所有规则设置完毕,单击下方的"适用"按钮确认规则设置,单击"确定"按钮退出设置状态。

规则设置也可以单击"PCB 规则和编辑器"对话框下方的"规则向导"按钮,根据系统提示进行设置。

9.3.2　PCB 手工布线

本例中元器件较少,采用手工方式进行布线。

1. 布线规则设置

执行菜单"设计"→"规则"命令,弹出"PCB 规则

9.3.2　PCB 手工布线

和约束编辑器"对话框,进行自动布线规则设置,具体内容如下。

安全间距规则设置:全部对象为 0.254 mm;短路约束规则:不允许短路;布线转角规则:45°;导线宽度限制规则:设置 4 个,VCC、VCC5、VCC3.3 网络均为 0.381 mm,全板为 0.254 mm,优先级依次减小;布线层规则:选中 Bottom Layer 和 Top Layer 进行双面布线;过孔类型规则:过孔尺寸为 0.9 mm,过孔直径为 0.6 mm;其他规则选择默认。

2. 对除 GND 以外的网络进行手工布线

执行菜单"放置"→"交互式布线"命令,根据网络飞线进行连线,线路连通后,该线上的飞线将消失。

在布线时,如果连线无法准确连接到对应焊盘上,可减少捕获网格尺寸和元件网格尺寸,并可微调元器件位置。

布线过程中按下小键盘上的<*>键可以自动放置过孔,并切换工作层。

布线完毕,调整元器件的丝网至合适的位置。

手工布线后,顶层布线图如图 9-14 所示,底层布线图如图 9-15 所示,双面布线图如图 9-16 所示。从图中可以看出除了"GND"网络外均已布线。

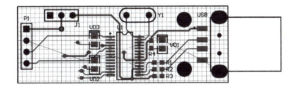

图 9-14　顶层布线图　　　　　　　　图 9-15　底层布线图

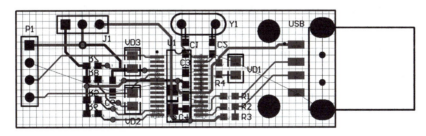

图 9-16　双面布线图

3. 设置说明文字

为了便于 USB 转串口连接器对外连接,需要对关键的部位放置说明文字。放置的方法为在顶层丝网层放置字符串。本例中对串口连接端 P1 的引脚、电源跳线 J1 和发光二极管设置说明性文字,如图 9-17 所示。

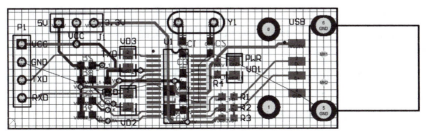

图 9-17　放置说明性文字后的 PCB

任务 9.4　泪滴使用与接地覆铜设置

1. 泪滴使用

所谓泪滴，就是在印制导线与焊盘或过孔相连时，为了增强连接的牢固性，在连接处逐渐加大印制导线宽度。采用泪滴后，印制导线在接近焊盘或过孔时，线宽逐渐放大，形状就像一个泪珠。添加泪滴的 PCB 如图 9-18 所示。

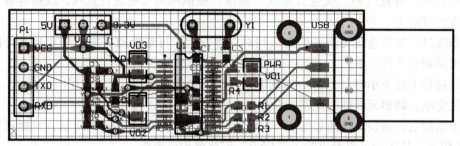

图 9-18　添加泪滴的 PCB

添加泪滴时要求焊盘要比线宽大，一般在印制导线比较细时可以添加泪滴。

设置泪滴的步骤如下。

1）选取要设置泪滴的焊盘或过孔。

2）执行菜单"工具"→"泪滴焊盘"命令，弹出"泪滴选项"对话框，如图 9-19 所示，具体设置如下。

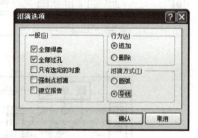

图 9-19　"泪滴选项"对话框

"一般"区：用于设置泪滴作用的范围，有"全部焊盘""全部过孔""只有选定的对象""强制点泪滴"及"建立报告"5 个选项，根据需要单击各选项前的复选框，则该选项被选中。

"行为"区：用于选择添加泪滴或删除泪滴。

"泪滴方式"区：用于设置泪滴的式样，可选择"圆弧"或"导线"方式。

本例中，选中"全部焊盘"和"全部过孔"复选框，选中"追加"和"导线"单选按钮，参数设置完毕单击"确认"按钮，系统自动添加泪滴。

2. 接地覆铜设置

放置接地覆铜即可实现就近接地，也可提高抗扰能力。本例中进行双面接地覆铜，在放置覆铜前，将两个螺纹孔焊盘的网络设置为 GND。

执行菜单"设计"→"规则"命令，设置覆铜与焊盘之间的连接采用直接连接方式。

执行菜单"放置"→"覆铜"命令，弹出"覆铜参数设置"对话框，设置连接网络为"GND"，设置完毕单击"确认"按钮，完成覆铜属性设置，依次单击 4 个顶点放置矩形覆铜，放置完毕右击退出。

本例中在顶层和底层都放置接地覆铜，由于布线的原因，可能出现死铜现象（即孤立的铜区），此时观察两面接地覆铜的位置，通过过孔连接到两层的接地覆铜，以消除死铜。

覆铜设置完毕的 PCB 如图 9-20 所示。

项目 9 双面贴片 PCB 设计——USB 转串口连接器

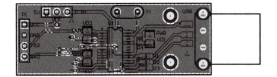 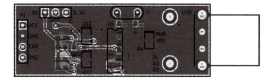

图 9-20 设置覆铜后的顶层和底层 PCB

至此 USB 转串口连接器 PCB 设计完成。

任务 9.5 设计规则检查（DRC）

9.5 设计规则检查（DRC）

布线结束后，用户可以使用设计规则检查功能对布好线的电路板进行检查，确定布线是否正确、是否符合已设定的设计规则要求。

执行菜单"工具"→"设计规则检查"命令，弹出"设计规则检查器"对话框，如图 9-21 所示。

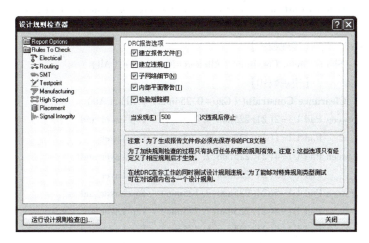

图 9-21 "设计规则检查器"对话框

该对话框主要由两个窗口组成，左边窗口主要由"Report Options"（报告内容设置）和"Rules To Check"（检查规则设置）两项内容组成，选中前者则右边窗口中显示 DRC 报告的内容，可自行勾选；选中后者则右边窗口显示检查的规则，有"在线"和"批处理"两种检查方式。

若选中"在线"检查方式，系统将进行实时检查，在放置和移动对象时，系统自动根据规则进行检查，一旦发现违规将高亮度显示违规内容。

各项规则设置完毕，单击"运行设计规则检查"按钮进行检测，系统将弹出"Message"窗口，如果 PCB 有违反规则的问题，将在窗口中显示错误信息，同时在 PCB 上高亮显示违规的对象，并生成一个报告文件，扩展名为".DRC"，用户可以根据违规信息对 PCB 进行修改。

USB 转串口连接器的设计规则检查报告如下，报告中有多处违规错误（"【】"中的内容为编者添加的说明文字，实际不存在），用户必须根据实际情况分析是否需要修改。

```
Protel Design System Design Rule Check
PCB File ：\电路设计\USB 专串口连接器 . PcbDoc
Date       : 2023-9-28
Time       : 21:20:40
Processing Rule : Width Constraint (Min = 0.381mm)(Max = 0.381mm)(Preferred = 0.381mm)(InNet
('VCC5V'))                                                                                    【线宽限制】
Rule Violations ;0        【违规数:0】
Processing Rule : Width Constraint (Min = 0.254mm)(Max = 0.254mm)(Preferred = 0.254mm)(All)
                                                                                              【线宽限制】
Rule Violations ;0        【违规数:0】
Processing Rule : Width Constraint (Min = 0.381mm)(Max = 0.381mm)(Preferred = 0.381mm)(InNet
('VCC3.3V'))                                                                                  【线宽限制】
Rule Violations ;0        【违规数:0】
Processing Rule : Routing Via (MinHoleWidth = 0.6mm)(MaxHoleWidth = 0.6mm)(PreferredHoleWidth =
0.6mm)(MinWidth = 0.9mm)(MaxWidth = 0.9mm)(PreferedWidth = 0.9mm)(All)          【过孔规则】
Rule Violations ;0        【违规数:0】
Processing Rule : Width Constraint (Min = 0.381mm)(Max = 0.381mm)(Preferred = 0.381mm)(InNet
('VCC'))                                                                                      【线宽限制】
Rule Violations ;0        【违规数:0】
Processing Rule : Short-Circuit Constraint (Allowed = No)(All),(All)            【短路限制】
Rule Violations ;0        【违规数:0】
Processing Rule : Clearance Constraint (Gap = 0.254mm)(All),(All)             【安全间距规则】
      Violation between Pad U1-2(21.225mm,9.075mm)   Top Layer and
                        Pad U1-1(21.225mm,9.725mm)   Top Layer
      Violation between Pad U1-4(21.225mm,7.775mm)   Top Layer and
                        Pad U1-3(21.225mm,8.425mm)   Top Layer
      Violation between Pad U1-5(21.225mm,7.125mm)   Top Layer and
                        Pad U1-4(21.225mm,7.775mm)   Top Layer
      Violation between Pad U1-6(21.225mm,6.475mm)   Top Layer and
                        Pad U1-5(21.225mm,7.125mm)   Top Layer
      Violation between Pad U1-7(21.225mm,5.825mm)   Top Layer and
                        Pad U1-6(21.225mm,6.475mm)   Top Layer
Rule Violations ;5        【违规数:5】
Violations Detected ;5    【检测到 5 处违规】
Time Elapsed        : 00:00:00
```

本例中有 5 处违规，它们是 U1 的焊盘与连线之间靠得太近，违反安全间距限制规则。返回 PCB 设计，重新调整上述元器件的连线并更新覆铜完成设计。

任务 9.6 印制板图输出

PCB 设计完成，一般需要输出 PCB 图，以便进行人工检查和校对，同时也可以生成相关文档保存。Protel DXP 2004 DXP 即可打印输出一张完整的混合 PCB 图，也可以将各个层面单独打印输出用于制板。

1. 打印页面设置

执行菜单"文件"→"页面设定"命令，弹出如图9-22所示的"打印页面设置"对话框。

"打印纸"区用于设置纸张尺寸和打印方向；"缩放比例"区用于设置打印比例；在"刻度模式"下拉列表框中选择"Fit Document On Page"，则按打印纸大小打印，选择"Scaled Print"则可以在"刻度"栏中设置打印比例；"彩色组"区用于设置输出颜色。

一般打印检查图时，可以设置"刻度模式"为"Fit Document On Page"，"彩色组"设置为"灰色"，这样可以放大打印在图纸上的PCB，并便于分辨不同的工作层。

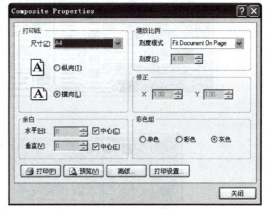

图9-22 "打印页面设置"对话框

在打印用于PCB制板的图纸时，"刻度模式"应选择"Scaled Print"，并将"刻度"设置为"1"，"彩色组"设置为"单色"，这样打印出来的图纸可用于热转印制板。

2. 检查图输出

单击图9-22中的"高级…"按钮，弹出"PCB打印输出属性"对话框，如图9-23所示。

系统自动形成一个默认的混合图输出，包括顶层（Top Layer）、底层（Bottom Layer）、顶层丝印层（Top Overlay）、机械层（Mechanical1）、禁止布线层（Keep Out Layer）及焊盘层（Multi Layer）。

一般制板时不需要输出机械层，可将该层删除，具体步骤如下。

1）右击图9-23中的工作层Mechanical1，弹出输出设置快捷菜单，如图9-24所示。

图9-23 "PCB打印输出属性"对话框

图9-24 输出设置快捷菜单

2）选择"删除"命令，将工作层Mechanical1删除。

删除完毕，单击"确认"按钮完成设置。

在输出图纸时还可以选择是否显示焊盘和过孔的孔，如果要显示孔，则选中"打印输出选项"中的"孔"复选框。

如果在制板时采用人工钻孔，一般将"孔"设置为选中状态，这样便于钻孔时定位。

所用参数设置完毕，执行"文件"→"打印"命令，输出检查图。

图9-25所示为电路输出顶层、顶层丝印层、禁止布线层及焊盘层并显示孔的检查图，

图 9-26 所示为输出底层、底层丝印层、禁止布线层及焊盘层并不显示孔的检查图。

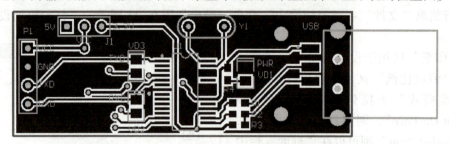

图 9-25　显示孔的顶层检查图

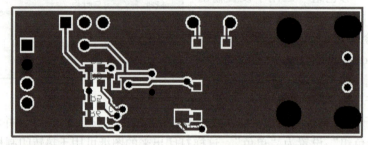

图 9-26　不显示孔的检查图

3. 单面板制板图输出

单面板进行制板时只需要输出底层（Bottom Layer），可以通过建立新打印输出图的方式进行。

执行菜单"文件"→"页面设定"命令，弹出如图 9-22 所示的"打印页面设置"对话框，单击"高级"按钮，弹出"PCB 打印输出属性"对话框，在图中单击鼠标右键，从快捷菜单中选择"插入打印输出"命令，建立新的输出层面，系统自动建立一个名为"New PrintOut 1"的输出层设置，如图 9-27 所示，默认的输出层为空，右击"New PrintOut 1"，在快捷菜单中选择"插入层"命令，弹出"层属性"对话框，如图 9-28 所示。

图 9-27　新建打印输出图

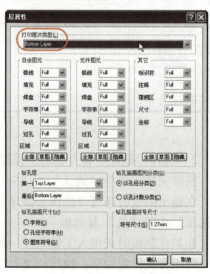

图 9-28　"层属性"对话框

"打印层次类型"选中"Bottom Layer"(底层)。

输出层设置完毕,单击"确认"按钮完成设置并退出对话框,此时"New PrintOut 1"的输出层设置为 Bottom Layer。

所用参数设置完毕,执行"文件"→"打印"命令,输出底层图,用于单面板制板。

4. 双面板制板图输出

双面板制板图的输出与单面板相似,但需要建立两个新的输出层面。一个用于底层输出,与单面板设置是相同的;另一个用于顶层输出,输出层面为"Top Layer",设置方式与前面相同,同时必须选中"PCB 打印输出属性"对话框(图 9-23)的"镜像"复选框,输出镜像图纸。

参数设置完毕,执行菜单"文件"→"打印"命令,分别输出顶层图和底层图,用于双面板制板,此时顶层图必须是镜像的。

5. 打印预览及输出

打印预览可以观察输出图纸设置是否正确,执行菜单"文件"→"打印预览"命令或单击图 9-22 中的"预览"按钮,产生一个预览文件,如图 9-29 所示。

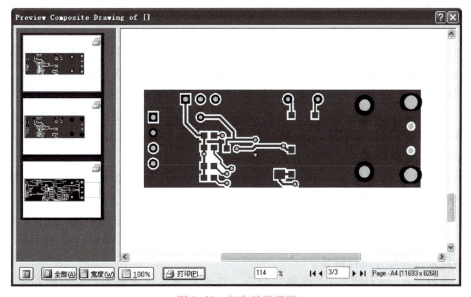

图 9-29 打印效果预览

图中 PCB 预览窗口显示输出的 PCB 图,由于前面设置了 3 张输出图,所以预览图中为 3 张输出图。

若对预览效果满意,可以单击图中的"打印"按钮,打印输出预览的 PCB 图。

一般情况下,在 PCB 制作时只需向生产厂家提供设计文档即可,具体的制造文件由制板厂家生成,如有特殊要求,用户必须做好说明。

技能实训 11   元器件双面贴放 PCB 设计

1. 实训目的

1)进一步熟悉贴片元器件的使用。

2）掌握贴片元器件的双面贴放方法。

3）掌握 SMD 布线规则设置。

4）掌握印制板输出方法。

2. 实训内容

1）事先准备好图 9-2 所示的"USB 转串口连接器"原理图文件，并熟悉电路原理。

2）进入 PCB 编辑器，新建 PCB 文件"USB 转串口连接器.PCBDOC"，新建元器件库"PcbLib1.PcBLib"，参考图 9-3 和图 9-5 设计晶振和 USB 接口的封装。

3）载入 Miscellaneous Device.IntLIB、Miscellaneous Connectors.IntLib 和自制的 PcbLib1.PcBLib 元器件库。

4）编辑原理图文件，根据表 9-1 重新设置好元器件的封装。

5）设置单位制为公制，设置可视网格 1、2 为 1mm 和 10mm，捕获网格 X、Y，元件网格 X、Y 均为 0.5mm。

6）规划 PCB。在 Keep out Layer 上定义 PCB 的电气轮廓，尺寸为 48 mm×17 mm，在板的左侧距板的短边 10mm、长边 3mm 处放置 2 个直径为 3.5mm、孔径为 2mm 的焊盘作为螺丝孔。

7）执行菜单"设计"→"PCB 形状"→"重定义 PCB 形状"命令，沿着电气轮廓定义 48 mm×17 mm 的长方形 PCB。

8）打开 USB 转串口连接器原理图文件，执行菜单"设计"→"Update PCB Document-tUSB 转串口连接器 PCBDOC"命令，加载网络表和元器件，根据提示信息修改错误。

9）执行菜单"工具"→"放置元件"→"Room 内部排列"命令，进行元器件布局。

10）底层元器件设置。修改小贴片元器件 R5~R8、C1~C6 的"元件属性"，将"层"设置为 Bottom Layer，即底层放置，设置后贴片元器件的焊盘变换为底层，元器件的丝网变换为底层丝网层。

11）执行菜单"设计"→"PCB 层次颜色"命令，设置"Bottom Overlay"为显示状态，显示底层元器件的丝网。

12）元件手工布局调整。根据布局原则参考图 9-9 进行手工布局调整，减少飞线交叉。

13）执行菜单"查看"→"显示三维 PCB"命令，显示元器件布局的 3D 视图，观察元器件布局是否合理并进行调整。

14）执行菜单"设计"→"规则"命令，设置自动布线规则为：安全间距规则设置：全部对象为 0.254 mm；短路约束规则：不允许短路；布线转角规则：45°；导线宽度限制规则：设置 4 个，VCC、VCC5、VCC3.3 网络均为 0.381 mm，全板为 0.254 mm，优先级依次减小；布线层规则：选中 Bottom Layer 和 Top Layer 进行双面布线；过孔类型规则：过孔尺寸为 0.9 mm，过孔直径为 0.6 mm；其他规则选择默认。

15）对除 GND 以外的网络进行手工布线。执行菜单"放置"→"交互式布线"命令，参考图 9-14~图 9-16 进行手工，布线完毕微调元器件丝网至合适的位置。

16）执行菜单"工具"→"泪滴焊盘"命令，参考图 9-18 和图 9-19 为全部焊盘和过孔设置线形泪滴。

17）将两个螺纹孔焊盘的网络设置为 GND，执行菜单"放置"→"覆铜"命令，参考图 9-20 在顶层和底层分别放置接地覆铜。

18）参考图 9-17，在顶层丝网层对串口连接端的引脚、电源跳线 J1 和发光二极管设置说明性文字。

19）设置打印输出参数，输出检查图、顶层图和底层图。

20）保存文件完成设计。

3. 思考题

1）如何修改底层放置的元器件？

2）如何进行元器件微调？

3）如何在同一种设计规则下设定多个限制规则并定义优先级？

思考与练习

1. 如何设置线宽限制规则？
2. 如何设置有关 SMD 的设计规则？
3. 如何在同一种设计规则下设定多个限制规则？
4. 如何设置底层放置的贴片元器件？
5. 如何打印输出检查图？
6. 如何设置打印输出时显示焊盘孔？
7. 如何打印输出双面 PCB 制板图？
8. 如何在电路中添加泪滴？
9. 根据图 9-30 设计模拟信号采集电路的 PCB。

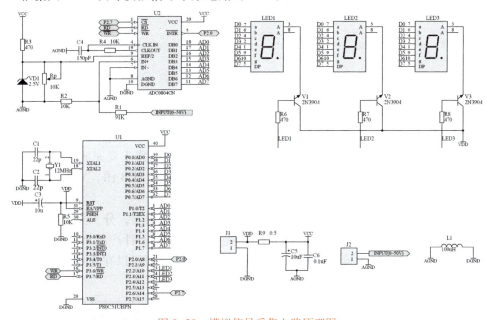

图 9-30　模拟信号采集电路原理图

设计要求：印制板的尺寸设置为 4340 mil×2500 mil；模拟元器件和数字元器件分开布置；注意模地和数地的分离；电源插座 J1 和模拟信号输入端插座 J2 放置在印制板的左侧；电源连线宽度为 25 mil，地线为 30 mil，其余线宽为 15 mil；在印制板的四周设置 3 mm 的螺丝孔；设计完毕添加接地覆铜。

项目 10　蓝牙音箱产品设计

知识与能力目标
1) 认知智能产品开发设计基本流程
2) 掌握智能产品的 PCB 设计与制作
3) 掌握智能产品的组装与调试方法

素养目标
1) 培养学生不畏艰难、勇于创新的精神，激发学生的创新思维和创新意识
2) 培养学生的规范意识、质量意识、成本意识和团队协作意识

通过前面的几个实际产品的 PCB 解剖与仿制，用户已经熟悉了 Protel DXP 2004 SP2 软件的基本操作，掌握了元器件设计的方法，PCB 设计的布局布线原则，对 PCB 设计有了较全面的理解。

本项目通过一个自主设计的产品——蓝牙音箱的设计与制作，掌握智能产品开发的基本方法，进一步熟悉 PCB 设计的方法。本项目给定产品外壳、指定芯片，用户通过查找芯片资料，改进并设计蓝牙音箱电路，规划和设计 PCB，最终完成蓝牙音箱制作与调试。

智能产品开发的基本流程如图 10-1 所示。

图 10-1　智能产品开发的基本流程

在智能产品开发中，项目需求主要由客户提出功能需求；方案制定主要完成技术指标制定、开发进程安排、经费预算、产品成本估算等工作；硬件设计主要完成电路设计、PCB 设计等工作；软件开发主要完成相应的应用程序开发；样机制作主要完成 PCB 焊接、程序下载、样机调试等工作；文档提交主要完成提交电路原理图、PCB 图、元器件清单、软硬件技术资料等工作。

蓝牙音箱产品设计建议采用分组形式进行，每组 4~6 名组员，分工负责资料查找与电路设计、实施方案制定、产品外观分析、设计规范选择、分工设计产品 PCB、元器件采购、热转印制板或打样、PCB 焊接、装配与调试等。整个设计过程可以在 3~4 周时间中完成，便于讨论交流。

任务 10.1　产品描述

10.1　产品描述

1. 产品功能

蓝牙音箱是指内置蓝牙芯片、以蓝牙连接取代传统线材连接的音响设备，通过与手机、平板电脑等蓝牙播放设备连接，达到方便快捷的目的。

本项目的蓝牙音箱由蓝牙音频接收、外部音频输入、混音电路、功放电路、音量指示5部分组成，其电路组成框图如图10-2所示。

本项目的蓝牙音箱由蓝牙音频模块PCB和功放PCB组成，可以通过蓝牙或音频线连接手机等音频信号源，通过LED灯指示音量的大小，设有音量电位器进行音量调节。

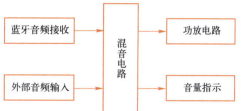

图10-2 蓝牙音箱电路组成框图

2. 产品实物样图

产品蓝牙音箱如图10-3所示，前面板设有3个按键（分别为蓝牙开关、上一首及下一首）和1个音量调节旋钮，后背板主要有音频输入插座和电源开关，音量指示灯在侧面。

a)   b)

图10-3 蓝牙音箱
a) 实物图 b) 电路板

任务10.2 设计前准备

10.2 设计前准备

本任务主要完成资料收集与提炼、设计规范选择、元器件选择及特殊元器件封装设计，采用小组分工实施的方式进行。

10.2.1 蓝牙音频模块M18资料收集

蓝牙音频模块M18为低功耗蓝牙设计，支持新蓝牙4.2传输，双声道立体声无损播放，模块连接上蓝牙后，便可快速实现蓝牙无线传输，非常便捷。在空旷环境下，蓝牙连接距离可达20 m。

该模块广泛应用于各种蓝牙音频接收和各种音响DIY改装等。

1. 蓝牙音频模块M18外观与引脚说明

蓝牙音频模块M18有6个输出引脚，引脚功能见表10-1，模块外观如图10-4所示。

表10-1 蓝牙音频模块M18引脚功能

引脚号	引脚名称	引脚功能
1	KEY	按键控制端（设置4个按键）
2	MUTE	静音控制端（静音时输出高电平3.3 V，播放时输出低电平）

(续)

引脚号	引脚名称	引脚功能
3	VCC	电源正极 5 V（锂电池 3.7 V 供电需要保护二极管）
4	GND	电源负极
5	L	左声道输出
6	R	右声道输出

2. 典型应用

蓝牙音频模块 M18 的典型应用电路如图 10-5 所示。

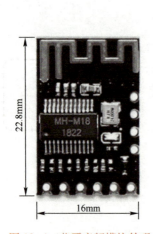

图 10-4　蓝牙音频模块外观

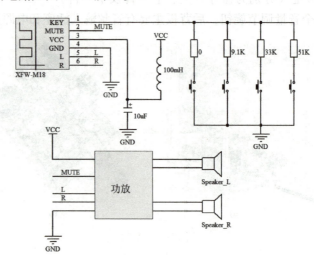

图 10-5　蓝牙音频模块 M18 的典型应用电路

蓝牙音频模块 M18 支持双声道输出，"MUTE"引脚控制功放的工作模式，输出低电平时，进行正常的播放，静音时输出 3.3 V 高电平。电阻与按键串联与"KEY"引脚连接，可以实现按键控制功能，4 种不同电阻实现 4 种不同按键功能，如表 10-2 所示。

表 10-2　KEY 引脚连接不同电阻实现的按键功能表

序号	电阻值/kΩ	按键功能
1	0	开/关机
2	9.1	上一首（短按）/音量减小（长按）
3	33	下一首（短按）/音量增加（长按）
4	51	暂停/播放

10.2.2　音频功放 HT6872 资料收集

1. 音频功放芯片 HT6872 概述

HT6872 是一款低电磁干扰（EMI）、防削顶失真、单声道免滤波的 D 类音频功率放大器。在 6.5 V 电源、10%THD+N、4Ω 负载条件下，输出功率为 4.7W，在各类音频终端应用中维持高效率并提供 AB 类放大器的功能。

2. 引脚功能

功放 HT6872 引脚排列图如图 10-6 所示，引脚功能如表 10-3 所示。

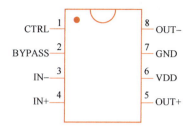

图 10-6　功放 HT6872 引脚排列图

表 10-3　功放 HT6872 引脚功能

引脚号	引脚名	功　　能
1	CTRL	ACF（防削顶）模式和关断模式控制端
2	BYPASS	模拟参考电压
3	IN−	反相输入端（差分−）
4	IN+	同相输入端（差分+）
5	OUT+	同相输出端（BTL+）
6	VDD	电源
7	GND	地
8	OUT−	反相输出端（BTL−）

3. 典型应用电路

功放 HT6872 典型应用电路如图 10-7 所示。

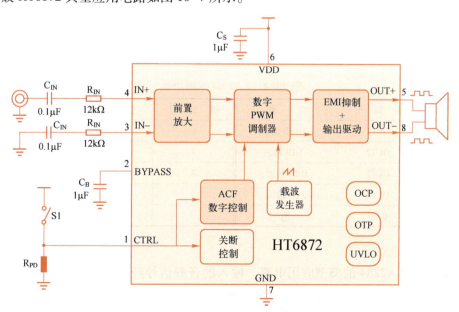

图 10-7　功放 HT6872 典型应用电路

HT6872 接收单端音频信号输入，通过内部放大、调制和 EMI 控制后产生 PWM 脉冲输出信号驱动扬声器。单端音频信号通过阻容电路耦合到 IN+端，IN-端通过阻容电路接地。当 S1 闭合后，CTRL 端工作在防削顶模式，当电路检测到输入信号幅度过大而产生输出削顶时，HT6872 自动调整系统增益，控制输出达到一种最大限度的功率无削顶失真功率水平，由此大大改善了音质效果。

10.2.3 LED 电平指示驱动芯片 KA2284 资料收集

1. LED 电平指示驱动芯片 KA2284 概述

电平指示常常用 LED 点亮的数量来做功放输出或者环境声音大小的指示，即声音越大，点亮的 LED 越多，声音越小，点亮的 LED 越少。

KA2284 是用于 5 点 LED 电平指示的集成电路，内含的交流检波放大器适用于 AC/DC 电平指示。

该电路主要特点有：内含高增益交流检波放大器，当 LED 点亮时有较低辐射噪声，对数型的 5 点 LED 指示器（-10dB、-5dB、0dB、3dB、6dB），具有恒定电流源输出（15mA），具有较宽的工作电源电压（3.5V~16V），采用单列直插 9 脚塑料封装（SIP9）。

2. 芯片组成框图与引脚功能

KA2284 内部组成框图如图 10-8 所示，引脚功能如表 10-4 所示。

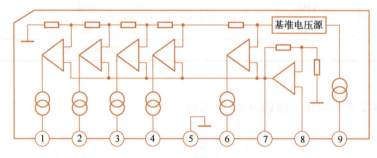

图 10-8　KA2284 内部组成框图

表 10-4　KA2284 引脚功能

引脚号	引脚名	功能	引脚号	引脚名	功能
1	OUT1	-10dB 输出	6	OUT5	5dB 输出
2	OUT2	-5dB 输出	7	OUT	输出端
3	OUT3	0dB 输出	8	IN	输入端
4	OUT4	3dB 输出	9	VCC	电源
5	GND	地			

3. 典型应用电路

图 10-9 为 KA2284 的典型应用电路。输入的音频信号经过电容耦合、电位器控制后输入到 KA2284 的引脚 8，内部放大后与基准电压进行比较，使得对应的引脚输出低电平，从而点亮对应的 LED。输入信号电平越高，点亮的 LED 越多，从而实现 LED 电平指示的作用。

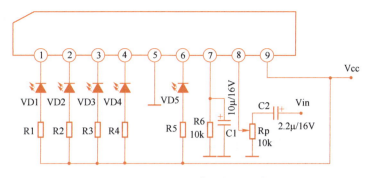

图 10-9　KA2284 典型应用电路

10.2.4　蓝牙音箱电路设计

蓝牙音箱参考电路如图 10-10 所示，P4 为外部 5 V 电源输入，通过 USB 线连接计算机或手机充电插头；K1 为蓝牙开关，开启蓝牙时，蓝牙模块上的指示灯会亮；K2 开关短按为下一首，长按为音量减；K3 开关短按为上一首，长按为音量加；S1 为电源开关；RP1 为音量调节旋钮；P1 为音频输入插口；VD1、VD2、VD3、VD4、VD5 为音量指示灯。

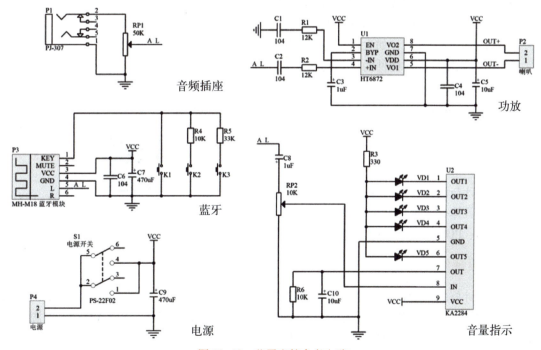

图 10-10　蓝牙音箱参考电路

10.2.5　PCB 定位与规划

由于蓝牙音箱的 PCB 一般置于音箱中，故本产品的 PCB 定位根据蓝牙音箱的实际外壳进行。

设计时应根据实际提供的蓝牙音箱外壳进行测量并做好定位，特别是螺纹孔、电源开关、音量调节电位器、音频输入插孔、各种开关应与音箱外壳上的尺寸对应。

PCB 形状尽量选择矩形，板的尺寸自行根据布局布线后的结果调整，在符合电气性能要求的前提下尽量紧凑设计。

10.2.6 元器件选择、封装设计

1. 元器件选择

电阻选用 1/8 W 碳膜电阻，C3、C5、C8、C10 采用耐压 50 V 电解电容，C7、C9 采用耐压 10 V 电解电容，无极性电容采用独石陶瓷电容，电源开关采用自锁开关，RP1 采用拨盘电位器，RP2 采用微调电位器。

2. 封装设计

本项目中电阻用 AXIAL-0.4 封装，功放芯片用 SOP8 封装；其余元器件可自行测量并设计封装，并完善元器件的 3D 模型。

10.2.7 设计规范选择

设计中布局、布线应考虑的原则可以上网搜索有关音频电路设计的相关资料，也可在本书中有关布局、布线规则的部分选择适用的规则。

本项目中应重点考虑以下几个方面规范的选择。

1）笨重元器件的处理，如扬声器。
2）大小信号的分离，如大信号的电源供电、音频输出，小信号的音频输入等。
3）可调元器件、接插件的位置问题。
4）地线的处理问题，应注意减小干扰。
5）芯片的地线应在分析芯片内部模块布局的基础上进行布设，合理设置以减小干扰。

任务 10.3 产品设计与调试

产品设计与调试，采用分工协作的方式进行，培养团队协作精神。具体分解为原理图设计、PCB 设计、音箱加工、元器件采购、PCB 制板与钻孔、电路焊接及调试等。

10.3.1 原理图设计

根据设计好的蓝牙音箱电路图（参考图 10-10 或自行设计）采用 Protel DXP 2004 SP2 软件进行原理图设计，其中蓝牙模块、功放 HT6872、LED 电平驱动芯片 KA2284、电源开关和耳机插孔需要自行进行原理图元器件设计。

设计结束时要进行编译检查，修改出现的问题。
设计中要注意元器件封装设置必须正确，以保证元器件封装的准确调用。

10.3.2 PCB 设计

PCB 设计通过加载网络表的方式调用元器件封装，采用手工布局和交互式布线的方式完成 PCB 设计。

电路板采用双面布线，连接电源和扬声器的线可以适当加宽，布线结束后可以进行泪滴

项目 10　蓝牙音箱产品设计

处理，合理设置露铜，提高载流能力。

设计后的 PCB 布局参考图如图 10-11 所示，3D 效果参考图如图 10-12 所示。

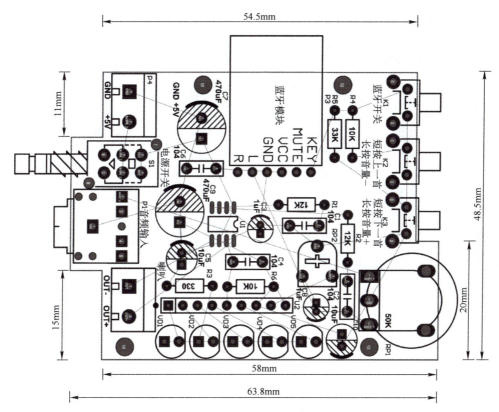

图 10-11　PCB 布局参考图

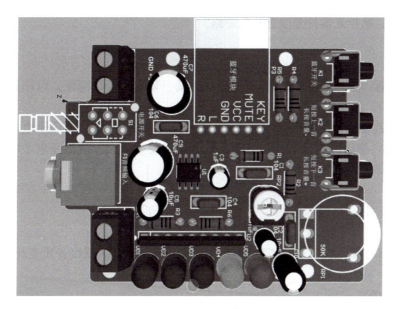

图 10-12　3D 效果参考图

底层布线参考图如图 10-13 所示，顶层布线参考图如图 10-14 所示。

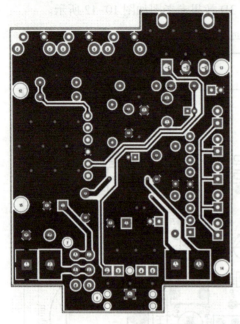
图 10-13　底层布线参考图

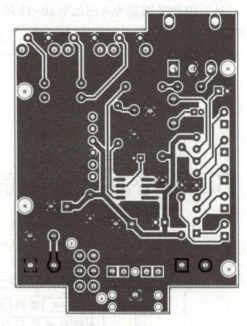
图 10-14　顶层布线参考图

10.3.3　PCB 制板与焊接

PCB 制板可以采用热转印机转印或雕刻机雕刻的方式进行，钻孔采用高速台式电钻进行，针对电源开关、各个按键、电位器、电源连接线、音频连接线的钻头要大些，具体规格根据实物判断。

PCB 焊接采用手工焊接，贴片元器件要注意避免短路。

10.3.4　蓝牙音箱测试

蓝牙音箱测试主要是针对焊接好的 PCB 进行功能模块测试、装配及参数测量，以期达到预定的设计效果。

在本项目的测试中，仅做最大不失真输出功率测试，测试频率点为 1 kHz，直流供电电源为 5 V，扬声器内阻为 8 Ω。使用的仪器有稳压电源、低频信号发生器、示波器及电子电压表，测试时负载扬声器用等值的水泥电阻代替。

要求：

1）绘制出电路测试连接图。

2）测量输出功率。

3）接入扬声器和音频信号源，收听蓝牙音箱的输出效果，调节各旋钮观察音质变化，如有问题则进行电路改进。

4）测试完毕进行整机装配。

附录 A 书中非标准符号与国标的对照表

元器件名称	书中符号	国标符号
电解电容	─┤├─ / ─┤├─	─┤├─
普通二极管	─▶├─	─▷├─
稳压二极管	─▶┤	─▷┤
晶闸管	─▶┤	─▷┤
线路接地	⏚	⏚
与非门	─▷○─	─[&]○─
非门	─▷○─	─[1]○─

参 考 文 献

[1] 郭勇，谢斌生，等．Protel 99 SE 印制电路板设计教程［M］．3 版．北京：机械工业出版社，2017．
[2] 郭勇，吴荣海，蒋建军．Protel DXP 2004 SP2 印制电路板设计教程［M］．北京：机械工业出版社，2009．
[3] 郭勇，陈开洪．Altium Designer 印制电路板设计教程［M］．2 版．北京：机械工业出版社，2021．
[4] 黄智伟．印制电路板（PCB）设计技术与实践［M］．4 版．北京：电子工业出版社，2024．
[5] 黄果，韩宝如，等．印制电路板设计与应用项目化教程［M］．北京：电子工业出版社，2023．
[6] 王廷才，等．电子线路 CAD Protel 2004［M］．3 版．北京：机械工业出版社，2018．